U0530524

新・片づけ術　断捨離
やましたひでこ

断舍离

经典版

[日] 山下英子 著

张璐 译

湖南文艺出版社　博集天卷

"SHIN·KATAZUKEJYUTSU 'DANSHARI'" by Hideko Yamashita
Copyright © 2009 Hideko Yamashita
All rights reserved.
Original Japanese edition published by Magazine House Ltd., Tokyo
Simplified Chinese translation rights arranged with Hideko Yamashita
through Hana Alliance Consulting Co. Ltd., China.

断舍离®系山下英子注册持有，经商标独占许可使用人苏州华联盟企业管理咨询有限公司授权许可使用。

© 中南博集天卷文化传媒有限公司。本书版权受法律保护。未经权利人许可，任何人不得以任何方式使用本书包括正文、插图、封面、版式等任何部分内容，违者将受到法律制裁。

著作权合同登记号：图字 18-2024-115

图书在版编目（CIP）数据

断舍离：经典版 /（日）山下英子著；张璐译. -- 长沙：湖南文艺出版社，2024.5
ISBN 978-7-5726-1715-7

Ⅰ. ①断… Ⅱ. ①山… ②张… Ⅲ. ①人生哲学—通俗读物 Ⅳ. ① B821-49

中国国家版本馆 CIP 数据核字（2024）第 069784 号

上架建议：心理励志

DUAN SHE LI: JINGDIAN BAN
断舍离：经典版

著　　者：	[日]山下英子
译　　者：	张　璐
出 版 人：	陈新文
责任编辑：	张子霏
监　　制：	邢越超
策划编辑：	李齐章
特约编辑：	彭诗雨　　　　　　　版权支持：辛艳　金哲
营销支持：	霍静　文刀刀　李美怡　版式设计：潘雪琴
封面设计：	主语设计　　　　　　内文排版：百朗文化
出　　版：	湖南文艺出版社
	（长沙市雨花区东二环一段 508 号　邮编：410014）
网　　址：	www.hnwy.net
印　　刷：	北京中科印刷有限公司
经　　销：	新华书店
开　　本：	775 mm × 1120 mm　1/32
字　　数：	109 千字
印　　张：	8
版　　次：	2024 年 5 月第 1 版
印　　次：	2024 年 5 月第 1 次印刷
书　　号：	ISBN 978-7-5726-1715-7
定　　价：	45.00 元

若有质量问题，请致电质量监督电话：010-59096394
团购电话：010-59320018

推荐序

想幸福，先放下对幸福的执念

——张德芬

华语世界深具影响力的个人成长作家

想要幸福，我们需要先放下对幸福的执念。具体有三步：断，停止负面的思考模式；舍，顺从自己的心，割舍既有利益；离，放下"多就是好"的念头。

谈到幸福，我和一般人有些不同的观点。很多人觉得我们需要不断地"累积"一些东西，等累积到了一定程度后，也许就可以从此快乐幸福了。

走过人生半百的岁月，我真的认为不是如此。

首先，我觉得幸福取决于我们和自己的思想相处的能力。很多人在日常忙碌的生活中，无法听到自己的脑袋里有一个声音在说话。那个声音无处不在，每时每刻都在你耳边叮咛，它影响你看待事情的态度、左右你响应事物的方式，甚至会主宰你的生活。

我们在生活中有没有试着"观照"过这个喋喋不休的声音呢？这个说话的声音，只不过是由你的一些念头衍生出来的。但是这些念头可厉害了，它让你不由自主地去做一些事情，自己都无法控制自己。

那些杀人的人、跳楼的人和其他冲动做事的人，都是没有提防自己脑袋里的声音，一时不察，就按照它的话去做了，事后才反应过来，刚才自己怎么了，竟然会做出这样的事？不但如此，脑袋里的声音还不断地让你去跟别人比较，告诉你，你有多差劲、别人有多好、没有人瞧得起你、没有人真正欣赏你，让你的情绪低落到谷底。

这些声音都是在我们小的时候，不知不觉被父母和周围的环境"编"进我们的大脑中的，就像计算机被程序化了一样。有些人比较幸运，他们的计算机程序比较健康，可能没有自虐倾向，这样的人幸福指数会比较高。然而，那些比较不幸的人，他们仿佛天生就是悲观主义者，思考问题的方式也比较负面。所以，想要提高幸福指数，一定要和他们脑袋中的声音建立一种比较健康的关系。

当你每次注意到自己在负面地思考的时候，要能够"断"。断的能力在于"观"，如果你可以观察到自己在负面思考，你就已经成功一半了。如果能不理会自己的负面思考模式，还是乐观、正面地去处理事情，就能成功地断去让你不幸福的思考模式。

我学习个人成长多年，觉得断掉那些不幸福的念头的最好的方法就是观察，不断地观察。观察到自己在思想所编织的牢笼之中，知道自己是念头的囚犯，这就是很大的进步了。我们可以进一步剪断囚禁我们的枷锁，感受到自由的滋味。

此外，很多人没有勇气去割舍眼前既有的幸福，进而投资出更多幸福。

关于这一点，我可以分享我的个人经验。我大学毕业以后就进入台湾电视公司担任新闻记者和主播，也就是台湾现在说的老三台主播。当时这是一份非常难得的工作，可是我后来申请到美国的大学，就毅然决然地辞去工作，出国进修了。对于主播台，我一点都不留恋。很多人佩服我的决心和毅力，然而对我而言，我只是顺从我的心（follow my heart），我没有考虑那份工作得来不易，辞去了非常可惜。

现在回头看，第一，我很高兴自己没有一直待在台湾报新闻，否则我就没有后来那么多生活经历和见闻了；第二，后来媒体开放，电视台多得不得了，我可以随时回电视台工作。所以，当初的问题现在完全不存在了。

后来，我在新加坡加入了一家国际大公司，负责一个重要软件的亚太地区营销工作。我进去的时候是合约制的员工（on contract），因为我一点相关工作经验都没有，从主管的特别助理干起，但3年就升到一个不错的职位，非常不容易。可是我后来非常不适应那份工作，也犹豫了很久，最终还是辞掉了工作。后来举家搬到北京，我可以轻易地回到那个大公司的北京分公司工作，但是我没有回到职场。我为我的人生留了白。

那几年里，我是个单纯的家庭主妇，每天就是忙着看个人成长书籍、上个人成长课程、研究"到底什么可以让人幸福"。就这样，沉潜了四五年，我写了第一本小说《遇见未知的自己》，在大陆卖了100多万本，到现在还在热销中。

我要说的是，有时候，如果你不放弃眼前的一些既得利益，顺从自己的心的话，可能会错过更多更美的风景。在人生的旅途中，我总是勇敢地跟随自己的心，也活得越来越快乐。

最后我们要谈的是"离"，也就是出离心，驱离要求更多的幸福欲求。我在自己的人生旅途中，对这一点的体会特别深。当年，我就是想不通自己为什么拥有那么多却不快乐，所以不断地在外面的世界努力收集更多东西。最后，我知道外在的世界再也满足不了我内在的空虚和欲求，所以我走上了个人成长的道路。

然而，在个人成长的过程中，我还是一如既往地用"多就是好"的态度在拜访上师，收集书籍、法门。学到最后，自己都累了。我发现没有一个上师可以真正帮到我，没有一本书可以拯救我，没有一种法门可以带给我想要的那种自在和快乐。于是，我放下了。不再追寻，不再盼望，而是愿意在当下和自己的诸多不完美、内在的各种阴影、各种负面情结和念头好好相处。

放下一切期盼之后，我开始享受生活的简单和单纯，和大自然相处，和宠物相处。有时候，我会不知不觉地开始傻乐，没有任何缘由地，感受到当下无事的那种自在和幸福。

我知道很多人的欲望很难控制，我也不赞成用压抑的方式去对待欲望。欲望是需要被穿越的,而穿越的方法有时候就是去追逐、满足它。到了一定时候,你会像我一样精疲力竭,坐回自己的位子上,才发现,原来我想要的一切,都已经在我出发的地方等着我了。

2013 年 7 月

再版序

回归原点

——山下英子

我提出的断舍离理念能被中国的各位朋友所接受,是我未曾预料到的。

更准确地说,中国的朋友们能对这一理念给予如此热情而强烈的赞同,我连想都没有想过。

这份惊喜之情至今仍在,并将一直珍藏在我的心中。

断舍离是一种途径,能让我们用自己的双手,将人生打造得更有自己的色彩。

可以说,中国的各位朋友坚持学习并践行断舍离,也促进了我对自己人生的再构建。

断舍离的基础是在日常生活中奠定的。

基础不断巩固,自然而然就会促进人生的发展与壮大。

许多中国朋友的实践似乎也证明了这一点。

若你能以崭新的心情拥有这本新修订的《断舍离:经典版》,回归原点,让这本书发挥出更好的作用,我将不胜欢喜。

谢谢大家。

致以我最诚挚的谢意。

2024 年 4 月 19 日

断舍离的第一步，是进行思维的整理，同时，也要进行心情的整理。只有心情整理好了，物品和空间才能干净整洁。物品和空间整理好了，我们的思路才会变得清晰，心情也能畅快起来。随着我们在螺旋阶梯上所处位置的不断提升，最终我们会去整理自己的人生。

断舍离最大的成果，是找回了我们的自我肯定感。我们开始尊重自己，开始把注意力放到现在的自己上。同时，这也是一个坦诚地去聆听自己身体、心灵的要求的过程。

断舍离是通过物品来孕育各种力量，这是和我们找回自尊心和自我肯定感相关联的。同时，我们也会思考，迄今为止，我们的生命究竟是一种怎样的存在？损害它的最大要素是什么呢？

我认为这样的要素有三个，即自我肯定感的缺失；以他人为轴心，看重他人的评价甚于自己的生命；在无形中给自己加了很多限制。

我们之所以缺乏自我肯定感，是因为我们认为自己一无是处。为什么会有这种想法呢？是因为我们总是拿自己和他人做比较。且在和他人进行攀比时，我们一直在用减分法的方式看待自己，对自己的优点并没有加以肯定。

我们为什么总以他人为轴心呢？细细想来，我觉得无外乎"想给他人留一个好印象，不想听见他人说自己不好，不想被他人讨厌"这几个原因。说到底，还是因为我们惧怕被别人嫌弃。这种想法又异常强烈，以致我们变得唯他人马首是瞻，对自己的生命、身体和心灵的诉求不闻不顾。

如果没有"定力",我们很容易迷失自己。因此,**断舍离才把确立"自我轴"放在了首要位置。**

在以他人为轴心的同时,我们也在无形中给自己加了诸多限制。它们究竟从何而来呢?持有物品也好,丢弃物品也罢,我们允许自己做什么,又限制自己做什么呢?此外,这些限制对我们来说真的有必要吗?

要说这些限制多数情况下因何而来,我想可能还是因为维持现状能让我们更安心吧,或者说我们害怕改变。因此我们才执着于此,不给自己颁发行动许可。毕竟如果维持现状的话,至少不会招致失败。而要是采取行动的话,就会有成功和失败两种可能性,同时,我们又往往认定自己会失败。因此,我们才努力想去维持现状。其结果就是,惧怕失败的自己愈发强大,以致我们已无法再聚焦成功。

"自我肯定感的缺失、他人轴心的意识、无形中被加上的限制"这三点严重阻塞了我们的人生,让它处于停滞

的状态。我想大家已经充分认识到，通过重新审视和物品的关系，加速它们的新陈代谢，提升各类关系的质量，可以让我们清除闭塞感，疏通自己的人生路。

但凡活着，必然会不停地面临选择和决断。一提及此，我们很容易把它往大的方面去想，比如入职啦，结婚啦等。但事实并非如此吧。我们每天都在不断地做着日常的"小选择"。比如中午吃什么等，这也是很了不起的选择和决断。

不管是日常的小选择也好，还是人生的重大抉择也罢，我们做出的一切选择是基于不安呢，还是基于希望呢？认清这点至关重要。即使是简单的吃什么这个问题，我们是基于"吃某种食物对身体不好"这种不安在进行选择呢，还是因为觉得食物好吃而把它当作午餐呢？看似无足轻重的选择，实际上会对我们产生很大影响。

再比如结婚，这是我们人生要面临的重大抉择。我们是出于"岁数大了，再不结婚的话会被人嘲笑吧"这种不安才想去结婚呢——这完全是"他人轴心"吧，也可以说是"社会轴心""面子轴心"——还是怀着对婚姻的希望而想去结婚呢？像这样，看似完全一致的行为，背后的动机却全然不同。**断舍离认为，动机决定一切结果。**

断舍离认为，如果我们是出于不安而做出选择的话，这种不安会变得愈发严重；而如果是因为抱有希望而做出选择的话，希望也会不断变大，最终作用于我们自身。让我们带着愉悦的心情去和他人、社会建立相应的联系。而不断提升各种关系的质量也是断舍离一直以来所追求的。这点，请大家务必铭记于心。

所谓断舍离，就是去爱惜物品，爱惜他人——当然，也要爱惜自己。也只有在爱惜自己时，我们才能去爱惜物品和他人。因为断舍离一直在强调"做减法"，所以很容易造成误解。断舍离非但不提倡远离物品，反而建议大家多去直面它。同时,**直面物品,就是直面自己。**因此,我们在爱惜物品的同时,也能更加爱惜自己。

一旦践行了断舍离,我们就无法再像以前那样稀里糊涂地接受所有物品了。这在断舍离中,属于"断"的范畴。同时,当物品经过严格筛选被留下来时,我们要对它们承担相应的责任,对人和事亦是如此。只要我们接受它们,就要负起责任,直到有一个妥善的结果为止。这个过程,在断舍离中,属于"舍"的范畴。而我们能负起责任,妥善处理物品的这种状态,则是断舍离中的"离"。

歌德的那句"人最大的罪过就是不快乐"是我开始断舍离的契机。在我们身边,有很多让人感到不快乐的事,而不快乐又是人最大的罪过。因此,断舍离才想让大家快乐起来。

山下英子

序
断舍离是什么？

大家好，欢迎来到"断舍离"的世界。我是杂物管理顾问（clutter consultant）山下英子。杂物管理顾问？什么嘛，这工作到底是做什么的？我想你一定一头雾水，毕竟，以"杂物管理顾问"自居的，世上仅我一人。

杂物，英语叫 clutter，意思是"破烂，废品"。

Clutter：[名]杂乱的东西；杂乱。[动]乱堆，塞满；使（脑子里）塞满（乱七八糟的事）。

我的工作，就是为大家提供建议，帮助大家重新审视住处里堆得满满当当的物品，重新探究自己与物品之间的关系，清除掉当下的自己"不需要、不合适、不舒服"的物品。到最后，不仅住处整理清爽了，还顺便和内心中的杂念道了别。没错，我的工作，就是为人们提供咨询服务，帮助他们处理家里和心中的杂物。

接下来谈谈本书的标题：**断舍离**。我想，这个词对大家来说，或许还有些陌生。断舍离，duàn shě lí，大家试着张开嘴，出声读一读就会发现，这个词很有冲击力，读起来铿锵有力。如果用一句话概括断舍离，那就是：

这是一种行动哲学，通过整理物品了解自己，进而整理内心的混沌，度过快意人生。

或者也可以说：

这是一种方法，通过整理家中的杂物来整理心中的杂念，让人生充满愉悦。

简言之，就是通过整理，从"看得见的世界"着手，进而影响"看不见的世界"。为此，我们需要付出的行动是：

断 ＝ 斩断蜂拥而至的无用之物
舍 ＝ 舍弃家中泛滥成灾的废品破烂

不断重复"断"与"舍"，最后就能达到"离"的状态：

离 ＝ 脱离对物品的执念，置身于宽敞"自在"的空间之中

断舍离与单纯的打扫和整理不同，不会采用"扔了多可惜""还能不能用"这种以物品为中心的思维方式，而是去探究"这件物品是否适合自己"，这就意味着，**主角不是"物品"，**

而是"自己"。这是一门以"物品与自己之间的关系"为核心，对物品进行选择和取舍的技术。断舍离的思维方式，不是"这件物品还能用"→"留存起来"，而是"我要使用这件物品"→"它很必要"。主语始终是自己。而且，**时间轴始终在"当下"**。自己现在不需要的物品，统统放手，只选择需要的物品。这个过程，能够通过"看得见的世界"影响"看不见的世界"，最终会让你对自己有更加深刻的理解。如此一来，连心情都"唰"地一下轻松起来，能肯定真实的自己。

到目前为止，我已经以"断舍离"为主题，持续举办了将近8年（截止到本文写作时的2009年）的讲座，不知见过多少来参加讲座的学员，他们的人生在加速发生变化。他们所做的，不过是坚持舍弃多余的东西而已。然而断舍离的不可思议之处，就在于能够促成行为方式的改变，有时还会给人生带来重大转折，比如跳槽、离职、搬家、结婚、离婚、再婚……就好像是打开了（魔盒）盖子，释放出了不知不觉间被封存起来的内在力量。又好像是制造了契机,让大家都能回到理想的生活状态。如同点燃了引线,让人们本就拥有的生命之火熊熊燃烧,换句话说,就像是扣动了生命的扳机一样……这正是断舍离的有趣之处。

我与"断舍离"相遇,大约是在20年前(大约是1989年)。相遇的契机是我在高野山的寺庙借宿时,看到修行的僧侣们非常爱惜地使用着必需的物品,日常生活的空间也打扫得干净整洁,让人觉得神清气爽。与在宾馆这种非日常居住的空间中体会到的舒适惬意不同,有一种清爽感。那时,恰好是"收纳术"在杂志和电视上风靡的时候。我们过着一种如果不将泛滥成灾、满满当当的物品仔仔细细地分好类、整理好、收起来,就收拾不好屋子的生活。想来,我们的生活,一直都在持续不断地"做加法"。这也想要,那也想要,走在街上,到处都充斥着物品。然而,无论是从物质层面还是从精神层面来说,我们是不是连"让自己变得混乱的事物"都背负在了身上?近距离地观察高野山修行僧们的生活,让我意识到了**从加法生**

活向减法生活转变的重要性。我由此联想到了曾在瑜伽道场学过的"断行""舍行""离行"。这是一种以斩断欲望、脱离执念为目的的行动哲学。能不能把它应用到物与人的关系上面，并让人在此基础上付诸行动呢？于是，我便想出了"断舍离"这个词。并且，曾经不擅长收拾的我，如今还办起了讲座，介绍断舍离这种做减法的解决方式，给大家提供收拾（人、事、物）方面的指导。人生真是不可思议……

我们的生活，就是由平日里不起眼的家务事组成的。说到底，在日常生活中维持"整洁清爽的环境"，也就是打造"干净神圣的空间"，我们要做的并不是闭目打坐，而是反复地做这些家务。与物品面对面，就是与自己面对面。整理房间，也是在整理自己。**不是想法改变行动，而是行动改变想法**。心随行动。**换言之，断舍离是一种"动禅"**。

那么，断舍离的具体过程是怎样的呢？下面，我想将讲座中的内容凝练一下，写在这里。说是过程，其实只要了解了这种思维方式，自然而然就能有所"领悟"，接下来就能"自动运行"了。大家会忍不住想去断舍离。许多人都有这样的感受，一提到"收拾"就觉得是一种带有强制性的义务，总想要逃避，却觉得"要是断舍离的话，倒可以做到！"。这也难怪，毕竟这是一项把被物品埋没的自己发掘出来的工作。

如果能有越来越多的人了解断舍离，过上悠然从容、舒适惬意的生活，该有多好，哪怕只多一个呢。在这个物品泛滥的社会，如果必要的物品能够以必要的数量流向必要的地方，该有多好。换句话说，就是促进生活的代谢与循环！

好了，我的"夸夸其谈"先到此为止吧。总之，断舍离能够不可思议地让你上瘾，让你了解自己，最重要的是，能够加速给你带来美好的变化！

来吧，你也和我一起断舍离吧！

2009 年

断 舍 离

目录

第一章

知其所以然，就能激发干劲
——断舍离的机制

断舍离是一种"无须收拾的收拾法"   002
    为什么说断舍离是"无须收拾的收拾法"？   005

断舍离和收纳整理术的区别是什么？   008
    筛选物品能让我们有所"领悟"   011
    找回被物品夺去的空间与精力   015

从衣柜开始的自我革命   018
    似有若无，似无若有   019
    人与物之间的关系也会改变人与人之间的关系   021

实践引起意识变化的过程   023
    打开内在智慧的感应器   028

物品要被使用才能发挥价值   031

断舍离专栏1 蒙古人与断舍离式生活   034

第二章

我们为什么收拾不好
——扔不掉的理由

物品不请自来的社会 038
  划算与折扣的陷阱 039
  入口是"断"的闸门，出口是"舍"的闸门 041
  香鱼是不是变成了鲇鱼？ 044
"无法舍弃物品"的三类人 048
  总之就是不想待在家！——逃避现实型 050
  物品与回忆的数量都多得惊人——执着过去型 053
  一味担心少了这件东西会很困扰——担忧未来型 053
  对"现在"的界定因人而异 057
  无法舍弃＝不想舍弃 058
  杂乱无章的房间就如同得了"便秘" 060
废品和灰尘中显露出的"停滞运"与"腐烂运" 064
  将废品进一步分为三类 067
认清物品与自己之间的关系是否还有活性 072
  时间轴偏离到了过去与未来 073
  不把重点放在非日常使用物品上面 077
  找回对自己的信赖 078

从减分法转向加分法	080
无视与否定所散发出的负能量	084
让房间变得"脏乱"的心理	087
重新思考住处的意义	090
断舍离的目的是"住育"	091
尝试认识居住环境——摆脱"不知不觉"	094
让自己安心的地方，才是真正的住处——自己款待自己	096
断舍离专栏2 南丁格尔谈居住环境与健康	099

第三章

先从整理头脑开始
——断舍离式思维法则

诀窍在于完全立足自我轴，并把时间轴放在"当下"	102
立足"自我轴"的诀窍——找准主语	103
用人与人之间的关系比喻人与物之间的关系，	
了解"当下"的意义	106
厘清"扫除"这一通称概念	111
去关注"不扔东西所造成的损失"	117

"越是别人的东西,越看起来像垃圾"
——如何处理同一屋檐下的人的物品 122
　　将周围人卷入"断舍离旋风"中 124
从信息过剩到知行合一 128
　　"相"的世界与意识的世界 129
　　从今往后要"知行合一"——重要的是训练 131
"扔了可惜"的真实含义 133
　　从公共事业建设支出削减问题看两种"可惜" 134
生活就是不断地选择,要锻炼"选择力" 138
　　不要让自己面对大量的物品 138
写给仍旧"扔不掉""送不出"的你! 140
断舍离专栏3　小松旧民居普及计划——重现活力的旧民居 142

第四章

接下来,该让身体动起来了
——断舍离的实践方式

如何增强"收拾"的动力? 146
　　用"集中于一点的完美主义"提升动力 147

根据目的，选择从何处着手　　149

断舍离，最重要的是从舍弃做起　　153

　　从"怎么看都与垃圾无异的物品"着手　　154
　　垃圾分类这道难关　　155
　　垃圾的大类　　156
　　舍弃物品时的"抱歉"与"感谢"　　158
　　将物品转送他人时，不是"送给你"，而是"请你收下"　　160

按大中小的顺序，将"三分类法则"落实到整理收纳上　　164

　　为什么说分三类刚刚好？　　167

"七五一法则"，帮你打造宽松空间　　170

　　与"总量限制法则"相伴相随的"更新换代法则"　　174

一步取用法则＆自立、自由、自在法则　　176

　　一步取用法则　　177
　　自立、自由、自在法则　　178

"需要时再说主义"也不错　　181

　　断舍离专栏4　断舍离比较级　　185

第五章

畅快与解脱，还有愉悦
——在看不见的世界中加速发生的变化

"自动运行法则"——建立自动整理机制   190
    关于自动整理机制   191
    断舍离与自动运行   192

借助物品提升自我印象   195
    通过留下来的物品看清自我   198
    大胆使用高于自我定位的物品   202
    断舍离并不是提倡清简生活   205

还会发生更多"看不见的变化"   207
    从自力到他力的加速变化   208
    说说"碍事"这个词——阴性直觉与阳性直觉   209
    如深海之水向上翻涌——来自宇宙的助力   211

从"拥有"的思维模式中解脱出来   215

后记   219

第一章

知其所以然，就能激发干劲
——断舍离的机制

断舍离

🗑 断舍离是一种"无须收拾的收拾法"

首先,我们来阐述一下断舍离的定义。只要了解了断舍离的机制,自然而然就能提起干劲,所以,了解什么是断舍离至关重要。想一想,当有人对我们说"把屋子收拾干净!"的时候,我们会从哪里着手?想把房间收拾干净时,我们的脑海中会浮现"收拾""整理""打扫(扫、擦、刷)"等要素,可就拿"收拾"和"整理"来说吧,二者之间又有什么区别呢?出人意料的是,我们对它们之间的界限似乎并不是很清楚。

在断舍离中,"收拾"占据着压倒性的重要地位,我们对它进行了明确定义。

(收拾)一项筛选出必要物品的工作。筛选时，我们要考虑"自己与物品之间的关系"以及"把时间轴放在'当下'"。换言之，就是探究物品与自己，现在是否处于一段有活力的关系之中，在此基础上，进行取舍和选择。

看到这里，你有没有大吃一惊？因为大多数情况下，我们都在漫无目的地"收拾"。在关系轴和时间轴发生了偏离的情况下，即使动手收拾，也无法区分"有用的物品"和"没用的物品"。有些物品，因为是别人送的礼物，所以就算不喜欢也舍不得扔掉；有些物品，觉得"总有一天会派上用场"，于是便收了起来，但一直没有找到它的出场机会；有些物品，自己明明知道它与垃圾无异，却仍旧放置在一旁不处理掉……可以说，这些东西的存在，就是因为关系轴偏离到了"物品"和"他人"上，时间轴偏离到了"无法预知的未来"与"一去不返的过去"上。其实，笼统地说，断舍离的大部分工作，就是基于关系轴和时间轴去收拾。体现在行动上，简言之就是舍弃（"**舍**"）。把物品装入垃圾袋后塞进储藏室，不叫收拾，只不过是改变了一下物品的状态，给它们挪了个地方而已，那叫移动。断舍离，关键是要把物品请出家门。将"舍"贯彻到底，结果会如何呢？结果就是，**空间里只留下了当下的自己所需要的、用着合适的、富有生气的物品。**

时间是"当下"的不断延续，因此，在"当下"富有生气的物品也在不断更迭。也就是说，物品要不断更新换代，也就是需要新陈代谢。而且，只要认真地去做收拾的工作，在添置物品时，自然而然就会好好思量一番。待充分了解到自己在生活中究竟被多少多余的物品包围之后，自然就会只想添置自己真正喜欢、真正需要的物品。这便是"**断**"的状态。断舍离，可以定义为在进行"断"和"舍"的过程中，脱离对物品的执念，达到轻盈自在的状态（**离**）。

为什么说断舍离是"无须收拾的收拾法"?

做到了断舍离,就意味着没必要"收拾屋子"了。原因很简单,因为我们不再胡乱堆积物品,只留下必要的物品,并且还会经常循环更替。并且,"收拾"这个词原本就带有一些强制性的义务感,其实,如果可以的话,恐怕我们是"不想收拾"的。断舍离则会帮我们摆脱这种感觉,不会让我们觉得很"讨厌",很"烦人"。当房间里只有我们真正需要的物品时,我们会感到神清气爽,舒适惬意,轻松愉悦。"断舍离"不过是在维持这种状态而已,因此我们自然而然就会想去做。体会到这一点的朋友,便不会再用"收拾"这个词了,而是全部用"断舍离"取而代之。**不知不觉中,觉得"烦人""不得不做"的想法全部消失了,自己的生活态度也发生了180度大转变。**

或者也可以说,断舍离是一种"无须收拾的收拾法"。某种意义上,那些不得不去收拾的东西,就是我们的敌人，因为它们给我们带来了烦恼。然而，把它们清除掉，房间里只留下适合当下自己的物品，又会怎么样呢？结果就是房间里的所有物品都变成了自己的伙伴，我们自然而然就能维持清爽舒畅的心情。断舍离，就是能让我们获得这种结果的方法。

> 筛选"适合当下自己"的物品，在这一过程中，我们不知不觉就会发现，已经没必要"收拾"了。

■ 断舍离的机制

筛选出"适合当下自己"的物品

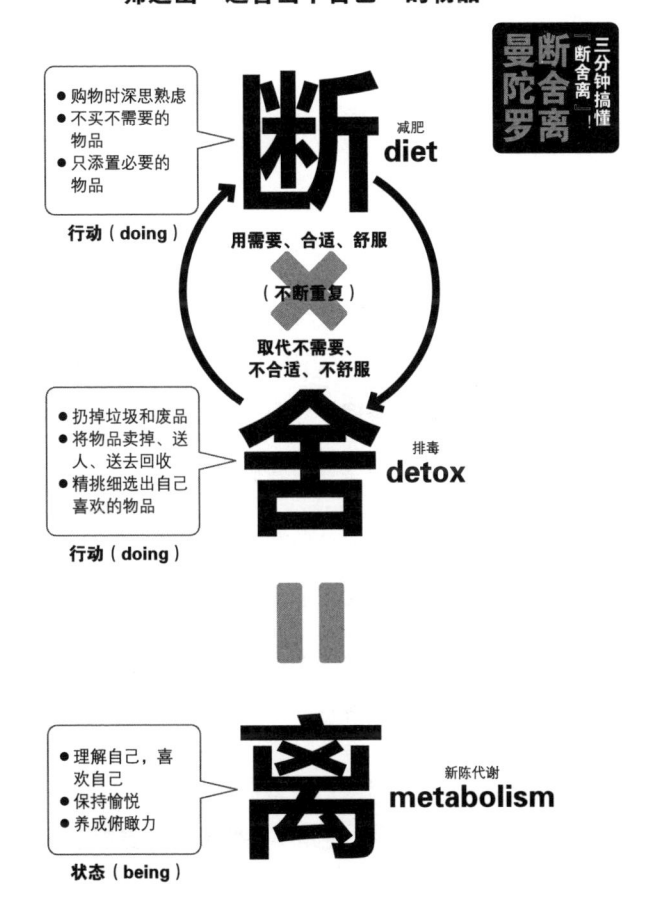

三分钟搞懂"断舍离"！
断舍离曼陀罗

断 减肥 diet

- 购物时深思熟虑
- 不买不需要的物品
- 只添置必要的物品

行动（doing）

用需要、合适、舒服
（不断重复）
取代不需要、不合适、不舒服

舍 排毒 detox

- 扔掉垃圾和废品
- 将物品卖掉、送人、送去回收
- 精挑细选出自己喜欢的物品

行动（doing）

＝

离 新陈代谢 metabolism

- 理解自己，喜欢自己
- 保持愉悦
- 养成俯瞰力

状态（being）

007

断舍离和收纳整理术的区别是什么？

接下来我想说明一下，现有的收纳整理术和断舍离之间的区别。

先来说说二者之间最大的区别，那就是**断舍离的目的并不仅限于"把房间整理干净"**。这虽然也是断舍离的目的之一，但是，借助断舍离，找到"了解真正的自己、喜欢上真正的自己"的感觉，才是最主要的目的。换句话说就是自然而然地获得自我肯定感。总而言之，断舍离的动机并不一定是"把房间整理干净"。也可以说，即使这是你开始断舍离的动机，你也会有比"房间整洁清爽"更加宝贵的收获。

另外，在断舍离中，**主角不是物品，而是自己**。要看自己有没有在使用。"扔了可惜,先留着吧",这种做法,体现的就是物品主导式思维。收纳整理术主要着眼于"如何存放物品",断舍离则以保持新陈代谢为前提,追求的是让空间保持流动性。断舍离不会为了分类存放物品去添置,甚至去制作带有分区的收纳家具。或者说,断舍离主张的是将物品精简到根本就不需要收纳家具的程度。而且,只要了解了断舍离的机制,是不需要掌握什么特殊技巧的,只需要问问自己"这件物品与自己之间的关系还有没有活力",专注地坚持筛选物品即可。

还有,"断舍离"这三个字本身也很有魅力。我在本书序的第 20 页也提到过,这个词是由瑜伽中的行动哲学"断行""舍行""离行"衍生而来的,从字面上看,相比于收拾整理这种听起来像日常杂务的事情,断舍离给人的印象,更像是一种锻炼自己的工具。不仅如此,"断舍离"这三个字的发音,似乎也有一种不可思议的吸引力——无论是字形,还是发音,都充满力量。我想,我之所以可以

■断舍离和收纳整理术的区别

	断舍离	收纳整理术
前　　提	代谢 更新换代（主动的）	存放 保持不变（被动的）
主　　角	自己	物品
焦　　点	关系	物品或自己或送物品给自己的人
核 心 轴	感性　适合 需要　合适　舒服	物质　浪费 还能用或不能用
时 间 轴	现在　当下	过去　未来 曾经　以后
意　　识	选择　决断	回避
时间精力	少	多
技　　术	不需要	需要
收纳用具	不需要	需要

又办讲座又出书，很大程度上也是因为这三个字本身能够吸引人，吸引大家围绕断舍离进行各种各样的探讨。我甚至觉得，这三个字本身，以及它们的音韵，已经传递了它所包含的大部分实践内容以及思维方式。

筛选物品能让我们有所"领悟"

我之前说过，一旦践行了断舍离，物品也好，环境也好，都会变成自己的伙伴，让我们得以保持清爽舒畅的心情。不仅如此，**来参加讲座的学员们虽然只是进行了物品的筛选而已，但在他们的身上，却发生了各种各样的变化**。这说明，立足自我轴，让时间轴回归当下，进行物品的取舍和选择，通过"看得见的世界"中的行动，能让"看不见的世界"也开始渐渐发生变化。虽然我原本就认为"看得见的世界"与"看不见的世界"是相通相连的，但"看不见的世界"发生变化的速度也着实快得惊人。其中的机制是这样的：要了解自己，才能做出"这件物品现在对我来说合适且必要"的判断。借助物品不断进行这方面的训练，不知不觉间，**"当下的自己"会越来越清晰地呈现在自己眼前**，我们能够准确地对"自我印象"做判断。

举例来说，你去参加婚礼，收到的回礼是一只高级的名牌杯子，于是你便将它连着盒子原封不动地收进了橱柜深处。大家有没有做过类似的事情？比如你收到的是一只梅森[1]的杯子，可反观你自己正在用的杯子，却是买甜甜圈时的赠品……当被问到"怎么不用呢？"的时候，你便会回答"这么好的东西，给我用多可惜啊"。也就是说，借助物品你会明白，在潜意识里，你认为"自己与梅森的杯子并不相称，自己还没达到那个水准"。一个人使用什么物品，能够反映出那个人的自我印象。而且一旦认识到这一点，就会产生"只要把物品换掉就行了"的想法。你会改变想法，觉得"对啊，原来这东西给我自己用

---

1 德国瓷器品牌。德国"Meissen"（梅森）是全欧洲最早成立的陶瓷厂。

也未尝不可",换句话说,就是自己给自己许可。当你开始使用那只杯子,你与它便会渐渐合拍,你的视角也会发生变化。

允许自己使用高级物品的机制开始运转后,**看待自己的方式就能从减分法逐渐变成加分法**。就会了解自己,放下过去的自己,向着更能发挥出自己的能力的方向前进。而且无须刻意为之,改变自然而然就会发生。由于这种改变会直抵内心,当越来越多的人意识到这种改变后,便会觉得"断舍离真好"了。人们还会渐渐意识到,实际上,在"看不见的世界"背后,还有一个"更加深邃的看不见的世界",也就是所谓的"神之领域"或"宇宙意志"。虽然叫法多种多样,但总的来说,就是指涉及运气、运势等问题的灵性世界的维度。于是就会有偶然的,或者体现共时性[1]的现象发生。把物品整理清爽了,便能清除障碍,

---

[1] 共时性,是指两个或多个毫无因果关系的事件同时发生,其间似隐含某种联系的现象。

开阔视野,打开通往更深层次的维度的道路。关于这一阶段,我会在第五章进行详细介绍。

简言之,有所领悟后,人就会渐渐了解自己,喜欢上自己,我将这种状态称为"愉悦"。德国诗人、哲学家歌德曾经说过:

"人最大的罪过就是不快乐。"

人最大的罪过竟然不是杀人、勒索、斗殴,而是不快乐。杀人、勒索、斗殴自然是罪恶,但它们原本也是高度的不快乐所导致的结果。既然如此,变得快乐才是先决条件。而且这份快乐不是属于他人的,而是属于自己的。丈夫心情不好,上司心情不好,他们心情好了我自然也会心情好——如果你这样想,往往容易把主动权交与他人,让自己陷入他人的引力圈里。要反其道而行之,让自己快乐起来,把不快乐的人拉入自己的引力圈里来!如果能拥有这样的心态，就再好不过了。我们该从何处开始断舍离呢？可以从打造居住环境、工作环境这些身边的环境开始做起，逐渐让自己变得快乐。换言之，就是用"快乐"取代"不快"。先让自己置身于令人愉悦的空间里吧！

找回被物品夺去的空间与精力

开始收拾时，首先会面临的问题，便是物品繁多且杂乱无章。一旦了解了断舍离的视角，大多数人都会发现，自己生活的房间居然满是破烂和废物，比自己一直以来以为的还要多。**自己究竟在这些物品上浪费了多少时间和空间，又花费了多少心思和精力去照管它们啊**？当然，也少不了花费金钱。对此，断舍离的任务是，把这些统统夺回来。首先要做的，是判断自己究竟被物品夺走了多少能量。接下来，就可以通过筛选物品的行动，自己动手，逐渐进行自我完善。断舍离的精妙之处，就在于靠自己就能做到。而且,这并不仅仅是对症治疗、改善症状,完全可以说是在改善体质。借助居住空间这一离自己最近的环境,从根本上改变自己。这样一想,是不是干劲又足了几分?

案例1 与自己相称的难道是在便利店买便当时附赠的塑料勺子？

和枝女士十分努力地收拾厨房，把多余的不锈钢餐具统统处理掉了。可不知为何，却舍不得扔掉在便利店买便当时附赠的塑料勺子。明明那些勺子已经多到把厨房的抽屉塞得满满的，连打开都费劲，可每次打开抽屉，她还是会觉得"去野餐时，用这些塑料勺子很方便"。然而，究竟什么时候去野餐呢？去野餐时就不能用不锈钢餐具吗？不仅仅是餐具，那些过时了的廉价连衣裙也一样，明明知道自己绝不会再穿了，也放进了垃圾袋，结果却又拿了出来，重新收了起来。对那些品质不错的物品都能痛痛快快地放手，对那些粗制滥造的东西反而恋恋不舍。直面自己这种让人匪夷所思的心理后，和枝女士发现，在潜意识里，她似乎总是习惯自我贬低，觉得用那些昂贵优质的物品让她不安，自己就是适合用那些廉价的东西，那些才和自己相称。这是一个借助断舍离明确了自我印象的典型例子。

从衣柜开始的自我革命

大家往往认为，我原本就很擅长收拾。但说句实话，若说擅长还是不擅长，我还真就是不擅长收拾的人。在我悟出断舍离的机制之前，一直处于怎么收拾也收拾不好的状态。好不容易收拾妥当了，过不了多久又会恢复原样，日复一日都是如此。

大约15年前，我多次尝试过当时风靡一时的收纳术。去家居店买来塑料整理箱，把东西拼命塞进箱子，再把箱子塞进橱柜。可一旦拿出来一次，就会变得一团糟。想把塞在橱柜最中间的箱子拿出来，要花很大的力气，于是只能原封不动地放置在那里。我还尝试过自己动手，去制作一些小的收纳用品，不知道是不是我手笨的缘故，最后都以撂下一句"这也太麻烦了，我哪里做得来"收场。可以说，对收纳术，我已经完全改变了看法。

我开始思考，说到底，**这些物品究竟值不值得我用这么多心思，下这么大功夫，花费时间、金钱和精力去收纳呢？** 想通这一点后，我学会了舍弃物品。舍弃物品后有没有整理清爽呢？由于当时我还没有"断"的概念，一直重复着扔了买、买了扔的过程，情况虽然比钻进收纳术的牛角尖里时要好了不少，但依旧无法整理清爽……这个过程，我循环往复了10年。

似有若无，似无若有

我在瑜伽道场里学到了"断"的概念。比如说，断食就会让人对"断"的感觉深有体会。一旦断绝了进食，就能体会到"啊，原来食物竟如此宝贵！"。通过"断"，可以让我们意识到我们现在的生活是多么可贵，从而摆脱执念，心生感激。不过，刚开始学到这个概念时，我的想法却是"像我这种执念满满的人可做不到这一点！"。

当我略带抱怨地向一起学瑜伽的前辈说起这件事时，对方说了这样一句话："是啊，就连衣柜里，你都塞得满满的。"这句话让我恍然大悟。**"虽然摆脱精神上的执念对我来说还很难，但若从整理衣柜着手的话，我兴许做得到！"**这便是我将"收拾"作为断舍离的一种方式落实到日常生活中的契机。

每当换季时，我们是不是总念叨"没衣服穿"？可衣柜明明被衣服塞得满满的，对不对？明明是已经不穿了的衣服，却出于某种留恋收了起来，又放置不管，形成了一种"似有若无，似无若有"的奇怪状况。这种状况让我觉得"扔掉这些衣服，是不是就意味着为放下执念付诸了'行动'"？通过这件事，我意识到了每逢换季，自己就会念叨"没衣服穿"，以及自己究竟有多少放在衣柜里不穿的衣服。**放在衣柜里的，不是"留恋"，而是"执念"。**

于是我下定决心:"既然如此,就从衣柜开始,行动起来吧!"

人与物之间的关系也会改变人与人之间的关系

当我们开始将关注点放在物品与自己之间的关系上面,物品投射出的自我印象就会浮现出来。不仅如此,我们还会渐渐明白,我们如何使用物品,也关系着别人如何看待自己。说到底就是,自己随意地使用物品,就会被别人随意地对待。

比如别人会觉得"那个人用那样的东西,穿那样的衣服,所以给他的礼物也差不多就行了"。反之,如果能够借助断舍离的方式,提高自我定位,别人也会觉得"那个人的生活那么有品质,不好送给他这么粗陋的东西"。感受到周围人的态度逐渐发生变化,是一件很有意思的事情。可见,**筛选物品这项工作,具有改变自己与他人之间**

的关系的力量。

进一步讲，自己如何对待自己，决定了一切。改变起初会体现在物品层面，所以如果你能和物品建立更好的关系，一切都会逐渐发生改变。从家里的衣柜和抽屉到人的意识，甚至连自己与他人之间的关系也会慢慢发生变化。希望大家可以记住这一点。

实践引起意识变化的过程

大致了解了断舍离的过程之后,我们来归纳一下意识发生变化的过程。

首先,在初级阶段,要将"舍",也就是筛选物品进行到底。一开始的时候,由于刚开始用与之前不同的判断标准来审视物品,所以还是会犹豫不决。下了决心,把衣服装进垃圾袋准备扔掉,却又心生不舍,觉得"要不还是等等吧,说不定什么时候还能用得上"。这便是直面扔与不扔的开端。犹豫不决的结果,就是不能痛快地"舍",物品依旧繁多且杂乱。即便如此,如果你能继续想方设法地努力与"扔了可惜"的想法做斗争,坚持践行断舍离,判断物品需要还是不需要的速度就会慢慢加快,渐渐不再将

"扔了可惜"作为不扔的理由。

在这一过程中，养成干脆利落的风格，直到你能明确地做出选择，比如"这件东西可以送给用得上它的人""这件东西即使留着也没人会用"，这便是进入了中级阶段。接下来，你的断舍离水平就会突飞猛进，做决定这件事本身也变得快乐起来。坚持下去，物品就会渐渐变得适量。到底多少才叫适量，取决于你的生活方式与你从事的职业，很难一概而论，简言之就是让你觉得"自己能够掌控的量"，也就是"自己能够感知的量"，即你清楚家中所有物品的位置，并且能让它们物尽其用。可以说，在断舍离中，到了这一阶段，家才**从"仓库"变成了"住处"**。因为在此之前，家里都被没用的物品塞得满满的。把那些废品收纳起来毫无意义。**收纳术，应该在进入这一阶段之后再开始使用**。

有些人能够较快地进入到这一阶段，但也有不少人会在"舍"上面花费很多的时间与精力。一位教授收纳术的老师提倡的收纳方法是，在收纳时，要问问物品："你想待在哪里？是想经常待在那儿呢，还是偶尔待在那儿？"以此来决定放置物品的位置及高度。我觉得这种方法很有意思。不过，在完成"舍"这项工作之前，使用这种方法是毫无意义的。和没用的物品说话，不是白费力气嘛。因此，断舍离认为，做不到"物品适量"，收纳术就没有任何意义。

把物品精简到自己能掌控的数量，意味着自己能够支配物品了。在此之前，自己一直饱受物品的困扰，换句话说，自己一直是物品的奴隶。能够掌控物品，意味着达到了"有我才有物"的状态。不过，断舍离追求的目标还要更高一点，即更进一步，做到与物品和睦相处。也就是说，开始对物品进行精挑细选。这便是进入了高级阶段，达到了高手的水平。这件物品目前自己的确在使用，也在自己的掌控范围之内，然而还要和物品变得更亲近，即要与"自己喜欢的东西"生活在一起。这样一来，就能做到"断",也就是在购物时深思熟虑,东西买回来后物尽其用,让物品发挥出其最大的价值。这便是断舍离的最终阶段。

物品通过正常的新陈代谢,达到了对自己而言适量的程度,如果能更进一步,只留下自己精挑细选出的物品,那么此后需要舍弃的物品也会控制在最小限度。一直以来,物品总是不断堆积,塞来塞去,于是我们便总要一扔再扔,不断放手,所以才会感到痛苦。然而到了这个阶段,家里只有满足需要的最少量物品,既实用又美观。空间里错落有致地摆放着的,都是对自己而言重要的物品。这便是"无须收拾的收拾法"的最终形态。在这个阶段,空间里甚至不需要收纳用具,变成了一个收纳术根本派不上用场的世界。**这样的空间,比起"居住空间",更应该叫作"自在空间"**。这样的空间,是对自己来说最合适,也最舒适的空间。断舍离的目标,就是让大家一起向着这一阶段迈进!

■ 断舍离给意识、环境、气场带来的变化

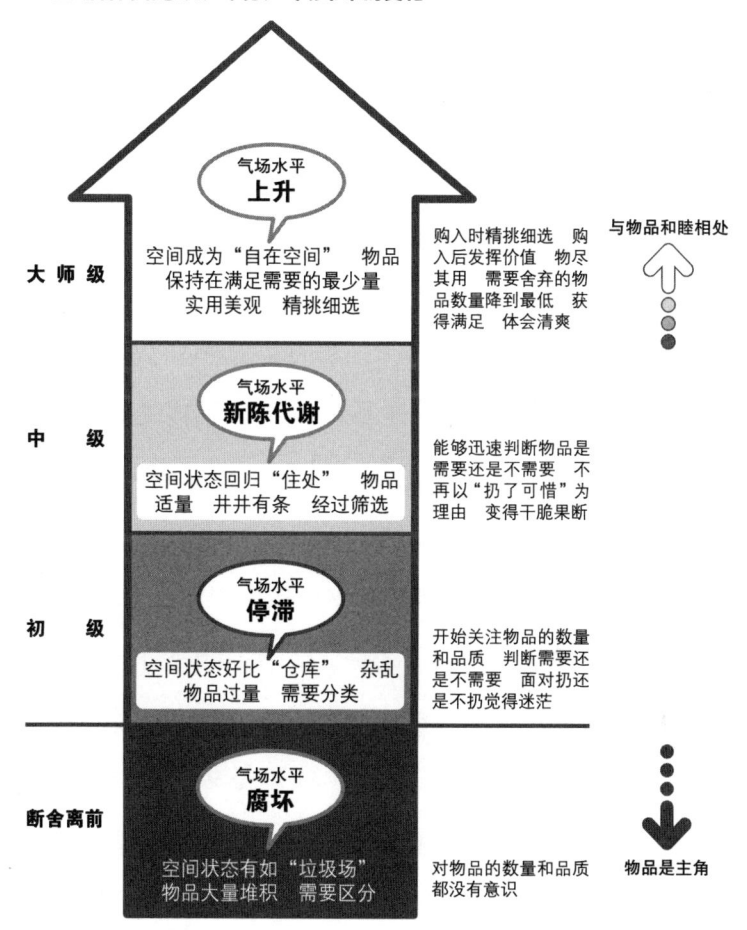

大师级	气场水平 **上升** 空间成为"自在空间" 物品保持在满足需要的最少量 实用美观 精挑细选	购入时精挑细选 购入后发挥价值 物尽其用 需要舍弃的物品数量降到最低 获得满足 体会清爽
中级	气场水平 **新陈代谢** 空间状态回归"住处" 物品适量 井井有条 经过筛选	能够迅速判断物品是需要还是不需要 不再以"扔了可惜"为理由 变得干脆果断
初级	气场水平 **停滞** 空间状态好比"仓库" 杂乱 物品过量 需要分类	开始关注物品的数量和品质 判断需要还是不需要 面对扔还是不扔觉得迷茫
断舍离前	气场水平 **腐坏** 空间状态有如"垃圾场" 物品大量堆积 需要区分	对物品的数量和品质都没有意识

与物品和睦相处 ↑

物品是主角 ↓

027

打开内在智慧的感应器

"断"与"舍"都属于 doing，也就是行动，action。通过反反复复、坚持不懈地 doing，就能进入感受的世界，达到 being 的状态。行动和思考是同时进行的，我认为，**从思考的世界进入到感受的世界**，是一个重要的突破，这之后就轻松多了。

就拿食物来说吧，只要人身心健康，便可以在想吃东西的时候，吃自己想吃的东西，想吃多少就吃多少。因为身体的感应器能够正常发挥功能，清楚地感知到身体想要什么，想要多少。某种意义上，这也是断舍离所追求的状态。可是，如果身体不够健康，或者出现了某些问题，身体的感应器就无法正常发挥功能，导致出于压力暴饮暴食、只吃同一种食物等问题。也就是说，食物本身是没有好坏之分的。媒体总是说什么"吃这个能促进血液循环""吃那个会造成血管堵塞"，以这样的态度对待食物，实际上这主要是怎么吃和吃多少的问题。并不能说这种食物对身体好，就一直吃个不停。也不能说那种食物对身体不好，就一点也不碰。**我们总是习惯于对外部存在的事物进行"是好是坏"的判断。**然而，食物原本也是有生命的，就算只是一块曲奇饼干，它也是用面粉和黄油制作出来的，吸收了植物和动物的营养，说"这种食物不好"，是没有道理的。因为大多数情况下，真正有问题的是自己的食用方式。

可以这样告诉物品和自己："是我自己的感应器出了问题。"不是物品的错，完全是由于自己错误的判断，才导致物品堆积成山，让自己动弹不得。断舍离也可以说是一种提高感应能力的方法。瑜伽中将这种感应能力称为"内在智慧"。多余物品过多，便会导致感应能力钝化。要通过行动，去开发这种能力，通过用"需要、合适、舒服"的物品取代家中"不需要、不合适、不舒服"的物品去锻炼这种能力。这样一想，是不是觉得断舍离非常有意义？**即使是扔掉家中的一件垃圾这样一个小小的举动，都是在锻炼内在智慧**。如此一来，无论是面对食物，还是面对居住环境，都不用依靠外部信息来做出判断，而是根据自己的判断，让它们保持对自己而言舒适惬意的良好状态。我自己也还在锻炼内在智慧的过程当中，如果能和大家一起向着这个目标迈进，就再好不过了。

🗑 物品要被使用才能发挥价值

到目前为止，我主要谈论了如何借助断舍离让自己过上愉快惬意的生活。下面，我们稍微转换一下视角，来看看物品的大致流向。

我平时总说，归根结底，物品如果不被使用，就发挥不出任何价值。基于此，我将物品与自己之间的关系归结如下：

物品，要物尽其用才有价值。

物品，要去往此时此刻需要它的地方。

物品，要待在合适的位置，才更显美丽。

如果所有人与物品的相处状态都能如此，该有多好。

打个比方，假设我们住在河流的中游，那里有许多我们曾经使用过，但现在已经不用了的物品。如果我们能够不抱着"说不准什么时候还会用到"的想法把它们留存起来，而是让它们顺畅地流向下游，流到那些"真正需要这些物品的人们"手里，该有多好。

所以，我十分希望二手店可以发挥出比现在更大的作用。这些物品当然也可以流向海外。虽说世界上有不少国家都和如今的日本一样出现了物资饱和的状况，但仍有许多国家物资匮乏，或者负担不起价格高昂的物品。是不是可以说，让物品以必要的数量出现在必要的地方，才是真正意义上的"知物善用"。如果断舍离能够为建成这样的社会贡献一份力量，就再好不过了。

说到底，物品是有用还是没用，取决于它出现在什么地方。举个浅显易懂的例子，米饭盛在碗里，会让人觉得"好美味啊"，可掉入沟渠就会让人觉得"脏兮兮的"。同样的例子还有，矿泉水装在塑料瓶里会让人觉得"甘甜可口"，可倒入尿壶里又会怎样呢？从物理意义上来说，矿泉水没有发生任何变化，可我们绝不会想要喝掉它了。我感觉，同样的事情也正发生在房间里，发生在社会上。我们首先要意识到这一点。筛选物品，让物品回到它应该去的地方，回到需要它的地方，这便是断舍离所要做的。

> **断舍离的目标是，创造一个所有物品都能各得其所的社会。**

断舍离专栏1

蒙古人与断舍离式生活

"我认为,世界上将断舍离的生活方式实践得最淋漓尽致的,就是蒙古人"。

这是经营顾问、在蒙古讲授经营学的田崎正巳先生(STR合伙人总经理,蒙古国立大学经济学院教授)经过分析得出的结论。他的这一看法非常有趣。下文转自田崎先生的博客(要点节选)。

——曾经,作家司马辽太郎先生在一档名为《街道漫步——蒙古纪行》的节目中这样说道:"大部分蒙古人都没什么物欲,过着清心寡欲的生活。"这大概是因为,蒙古人原本就是游牧民族,住在游动式的蒙古包里,因此只持有生活所必需的物品,避免堆积物品。渐渐地,他们对物质的欲望越来越淡薄,相反精神却非常富足。可以说,蒙古人是断舍离的行家。然而最近,物欲膨胀、购买无用的物品、想要自己负担不起的物品……这些与断舍离的效果适得其反的现象开始在已经城市化的乌兰巴托蔓延。市内的餐厅与办公场所杂乱无章，让人觉得这里的国民不会有多爱干净。早在1000多年以前，日本人的主要生活方式就是定居生活了，而蒙古人开始定居生活，距今也不过80多年。可即便如此，城市化的齿轮一旦开始转动，便无法再回到从前了。或许有朝一日，蒙古会重新需要断舍离的精神。

说不定，现在蒙古正在发生的状况，和日本恰恰相反。或许，一直以来被欲望驱使、一味追求物质丰富的日本，如今也迎来了转折点。

出处 & 参考

·博客《徒然散文记》
·博客《田崎正巳的蒙古徒然日记》

第二章

我们为什么收拾不好
——扔不掉的理由

断舍离

🗑 物品不请自来的社会

下面我们来分析一下，为什么我们的生活当中，物品如此泛滥？

首先，如果你家里到处都是物品，乱七八糟，杂乱无章，而你又在因此责备怎么也学不会收拾的自己……其实你没有必要过度责备自己。我想说的是，严格地说，**这并非全部是你的责任**。毕竟，我们就生活在一个物产非常丰富的社会当中。也就是说，我们生活的环境，以及环境造成的我们对物品的认知，是导致这一现象的重要原因。而且，如果你家是一个四口之家，那么4个人都会添置物品，可如果负责收拾的只有你一个人，那么与物品数量比，就是4比1，你是不可能收拾好的。从数量来说，你就先输了。这也就意味着，收拾不好是由社会、家庭、自己三方面的原因造成的，你的责任只有三分之一。这样一想，是不是觉得稍微轻松些了？

划算与折扣的陷阱

在这样一个消费社会里，商家在推销商品上可谓是做足了研究，为了吸引顾客买东西，使用的手段相当高明。

比如说"让顾客觉得划算"。虽然有点不好意思，但在这里，我想举一个我妈妈的例子。以前，我在独居的母亲家的冰箱里，看到了一瓶餐馆用的那种特大瓶蛋黄酱，给我吓了一跳。这个大小，怎么看都和妈妈平时吃饭的用量不匹配，而且已经过期了，变成了黄黄的颜色。我问妈妈："为什么买这么大一瓶？"妈妈只回答了一句话："因为便宜。"我猜也是这么回事。大瓶的蛋黄酱原价500日元，当时只卖350日元。而妈妈平时常用的、她一个人能吃完的普通大小的蛋黄酱却要 300 日元。普通大小的没促销，是原价。这种时候，我们不会去比较 350 日元和 300 日元哪个多哪个少，而往往会因 "打折后便宜 150 日元呢!" 带来的划算感来做选择，觉得普通大小的蛋黄酱卖 300 日元，一点便宜都没占着。可结果是，大瓶的蛋黄酱根本就吃不了，到头来白白损失了 50 日元。我们总是做这样的事情。

还有，我们也很难抵抗打折的诱惑。比如出门购物前，心里想的是 "今天要是能买到一件 1 万日元左右的漂亮衬衫就好了"。然而实际去了一看，衬衫旁边挂着一身 10 万日元左右的套装。套装正在打 5 折，足足便宜了 5 万日元。可即便如此，买下它也还是要花费 5 万日元啊! 然而，比起要花多少钱，我们更加关注的是打了几折。这种时候，我们已经被打折蒙蔽了双眼，很难看出 "这件衣服自己是否真的喜欢"，所以常常会发生把衣服买回家后又不穿，放在衣柜里白白占地方的情况。当然，买与不买,最终做决定的还是自己,所以造成这种情况,自己也要负一半的责任。

入口是"断"的闸门,出口是"舍"的闸门

我在本书的第32页,曾拿河流打比方,解释过物品的流向。让我们把自己想象成生活在河流中段蓄水池中的鱼。社会上生产出的物品自上游顺流而下,有用的物品从入口流进来,没用的物品从出口流出去。蓄水池有两个闸门,入口处是"断"的闸门,出口处是"舍"的闸门。如果河流只是为了满足动物的基本生存需要,那么涓涓细流应该就足够了。可人类总归还是希望拥有文化生活的,那就把水流再增大一些,像隅田川[1]那种规模也就差不多了。可如今的日本社会**物品泛滥,水流简直像**

---

1 日本东京都内的河流。

发洪水时的亚马孙河一样滚滚而下,可在人们的意识里,水流仍旧像隅田川的那么大。我们在生活中,对这种落差毫无察觉,还以为自己把蓄水池入口处的闸门关得死死的,殊不知入口正承受着来自物品的巨大压力。再加上划算和打折所发挥出的作用,导致入口处时常处于闸门大开的状态。反观负责排水的、让没用的物品流走的**出口处的闸门,如果不是实在觉得有必要,则轻易不会打开**。闸门上,长满了名为"扔了可惜"和"分不清该不该扔"的锈迹。

换言之,由于社会原因,物品源源不断地流入,由于社会原因和个人原因,物品却轻易不会流出。我们有必要意识到,自己就生活在这样一个地方,这一点非常重要。

而且,这是一个没等到自己动手挑选和添置物品,物品就会不请自来的社会。我们来举几个常见的例子。

中元节礼物、岁末礼物

奖品、小礼品

赠品一类的东西（花里胡哨地写着"限时礼赠"的邮购赠品、说不上多有品质的瓶装饮料、买杂志附送的赠品等）

厚厚的邮购商品目录（只要买过一次东西，就会连着寄上好几年）

广告传单一类的东西

各类包装、包装材料、纸箱子、保鲜冰袋

便利店附赠的一次性筷子、勺子、湿巾

回想一下就会发现，这些东西几乎每天都会进入我们的生活。

香鱼是不是变成了鲇鱼？

如今，我们就好比生活在"物品源源不断地涌入，却只进不出"的蓄水池里。如果这种状况一直持续，蓄水池会变成什么样呢？会变得满是淤泥。说起生活在这种淤塞的环境中的鱼类，我们也许会想到鲇鱼，这样说来，我们就相当于生活在鲇鱼喜欢的环境里。虽然这样举例或许对鲇鱼有些失礼，但我想通过这个例子表达的是，我们已经变得动弹不得了，毕竟鲇鱼是无法灵活自如地在水中畅游的。

如果环境适宜，我们原本应该像生活在清水中的香鱼一般自在畅游，如今却生活在淤泥堆积的环境中动弹不得。换句话说，我们的家中堆满了物品，淤塞沉闷，导致自己活动起来束手束脚。

可我们为什么没有意识到这种现状呢？其实这也是有原因的。只要我们静止不动，淤泥就会下沉。这样一来，无论有多少淤泥，最上面一层也一直是清水。我们眼前看到的是最上层的清水，于是便意识不到自己正身处淤泥之中。然而，我们的身体却被埋在淤泥里，所以才动弹不得，也不想动弹。只是纳闷，为什么我会这么累呢，为什么我一点也提不起干劲来呢？如果我们继续无意识地生活在淤泥之中，那么淤泥还会变得越来越多。

随着淤泥不断增多，我们甚至会在感到窒息的状态下走完一生。

由于工作关系，我有时也会参与一些遗物整理的工作。很多情况下，逝者留下的遗物都会让家人瞠目结舌。本想看看奶奶都留下了些什么好东西，结果打开壁橱一看，要么是包装纸，要么是盒子，要么是别人作为回礼送的还没开封的、包装上落满灰尘的床单，净是些类似这样的"负面遗产"，没有一件让人觉得眼前一亮的。

我们之所以不想动弹，还有一个理由，那便是**一旦开始翻搅，最上层难得的清水也会变得浑浊**。只要老老实实待着不动，最上层的清水就不会变浑，还能勉强有个可以喘口气的地方。可一旦决定搞什么断舍离，把放在衣柜和壁橱里的东西都拿出来，情况岂不是会更糟糕？把以前摞起来收纳的物品统统平铺开，导致房间变成"物品是原来的五倍，灰尘是原来的三倍"的状态。如果恰巧这个时候家人回来了，看到这幅光景还会说"你这是干吗呢？到底是在收拾家还是把家弄得更乱啊"，让你火冒三丈，自己也会觉得做这些都是在白费力气。反反复复折腾好几回，到头来还是没能把淤泥，也就是家中没用的物品清理干净。这不正是我们目前所面临的状况吗？

■物品的流动——"断"的闸门、"舍"的闸门

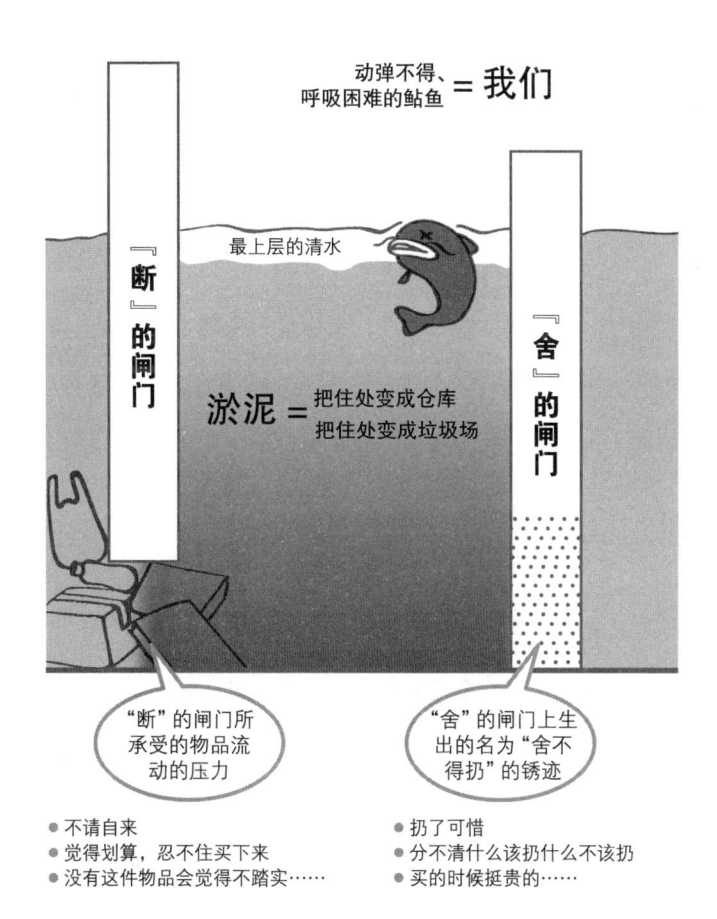

动弹不得、
呼吸困难的鲇鱼 = 我们

最上层的清水

「断」的闸门

淤泥 = 把住处变成仓库
把住处变成垃圾场

「舍」的闸门

"断"的闸门所承受的物品流动的压力

"舍"的闸门上生出的名为"舍不得扔"的锈迹

- 不请自来
- 觉得划算，忍不住买下来
- 没有这件物品会觉得不踏实……

- 扔了可惜
- 分不清什么该扔什么不该扔
- 买的时候挺贵的……

047

"无法舍弃物品"的三类人

多年来,通过举办断舍离讲座,我遇到了许多无法舍弃物品的人。慢慢地我发现,**家中堆满无用物品的人,可以分为三类**。当然,并不是所有人都能精准地对号入座,有些人也可能是几种类型的结合体。通过这种分类,我们或许可以稍微客观地判断出自己更像哪种类型。

逃避现实型

这类人忙到几乎没有时间待在家,因此腾不出手来收拾。很多情况下,他们其实是对家庭有所不满,不愿意待在家里,才故意让自己忙起来。何况家里乱糟糟的,他们便更不想待在家里了,于是往往容易陷入恶性循环。

执着过去型

这类人会把过去的东西都留存起来，即使现在已经用不着了。相册和奖杯一类的东西，他们更是会极其小心地珍藏起来。这种行为背后，往往隐藏着他们对过去那些幸福时光的怀念。在不愿面对现实这一点上，与逃避现实型也有相通之处。

担忧未来型

这类人会进行投资来"防患于未然"，虽然还不知道那些让他们感到不安的事情何时才会发生。他们的特点是过量存储纸巾等日用品，总觉得没了这些东西就会很困扰，没了这些东西就会感到不安。三类人当中，这类人是最多的。

总之就是不想待在家！——逃避现实型

如果有人问你"收拾家的必要前提条件是什么"，你会如何回答？要保证时间，要提起干劲……或许有各种各样的答案，但最基本的必要条件是——要在家。

逃避现实型的人很难满足这个最基本的条件，因为他们很少有时间待在家里。他们当中，有忙着参加志愿活动、午餐会、社团活动的社交活跃型主妇，也有下班后总跑去喝酒，每天都深夜才回家，周末也常常外出的男性。尽管他们自己并未察觉，但实际上，很多情况下，他们并不是因为忙才不在家，而是因为不想在家才让自己一直很忙。换句话说，在他们内心深处，有某些不想待在家里的理由，而他们却不愿去正视。

案例2 卧室和两只衣柜，让我认清了现实和自己的真心

朋子女士有着30年的婚龄。10年前，孩子们自立门户后，家里便只剩下她和丈夫两个人了。她做兼职，参加社团活动，在休息日的中午和朋友聚餐，日子过得忙忙碌碌。由于很少有时间待在家里，屋子也收拾得敷衍了起来，到处都堆积着物品，让人喘不过气来。面对这种情况，她一筹莫展。这进一步导致了恶性循环，她日复一日地陷入了越来越不想回家的冲动里。

她之所以不想回家，还有一个原因是她和丈夫之间的关系不好。当初，她是由于一些原因，不得已才与丈夫结的婚。从刚结婚开始，与丈夫待在一起就让她很痛苦。通过参加断舍离讲座，她再次意识到了这一点，与丈夫开始了婚内分居。她想，至少能够整理一下属于自己的空间，也就是卧室，于是尝试着进行了卧室的断舍离，开始面对一直以来都在逃避的过去。这时，她再次看到了那两只衣柜。实际上，10年前，她曾下过要

和丈夫离婚的决心。但一想到过去，最终还是打消了这个念头。让她打消念头的，正是结婚时她作为嫁妆带过来的这两只装和服的衣柜。当她觉得孩子们都已自立门户，自己的任务也算告一段落，打算脱离这个家，要和丈夫离婚时，却看到了这两只衣柜。于是她想到，如果离了婚，父母会怎么想？他们想必会很难过，自己也要考虑离婚后经济独立的问题。要面临的种种问题让她心烦不已，到头来还是打消了离婚的念头。她把自己灵魂的自由和两只衣柜放到天平上衡量，结果后者获得了胜利。回想起来，她外出游走的时间开始增加，便是从那时开始的。

　　10年后，借着给卧室断舍离的机会，她又一次直面了自己内心。这次她决定斩断对衣柜和父母的顾虑，成功离了婚。虽说经济上有些紧张，但想到过了几十年让人窒息的生活的自己，她还是十分庆幸能够离婚。朋子说，现在，她待在家里，感到非常踏实平静。或许，通过整理卧室这一个人空间，她发现了"自己真正想要的东西"。

物品与回忆的数量都多得惊人——执着过去型

帮助执着过去型的人整理房间是十分费力的，工作很难向前推进。因为他们留着非常多的带有回忆的物品，每看到一件物品，就被勾起了当时的回忆，并沉浸其中，开始滔滔不绝、没完没了地讲述物品背后许许多多的趣闻逸事。当然，我并不是说珍惜过去的回忆和带有回忆的物品不好，我自己也留着儿子童年时期的相册和一些承载着回忆的其他物品，但执着过去型的人，他们所保存的这类物品的数量实在是太多了，给人一种他们并没有活在现在，而是活在过去的印象。

一味担心少了这件东西会很困扰——担忧未来型

担忧未来型的人，总是担心未来会因为少了这件东西而感到困扰，尽管那样的未来不知何时才会到来。有了不安，就想要消除不安，于是便去囤积物品。那些囤积卫生纸的人，恐怕还对曾经的石油危机心有余悸。可是，类似石油危机那种状况，再次出现的可能性有多大呢？又什么时候才会再出现呢？担忧未来型的人，自己在脑海中勾勒出了一幅"那样的未来会在某一时刻到来，自己会陷入缺少物资的状况"的景象。反过来说，他们是用提前确保物资充足的做法，预设了一个缺少物资的未来。不仅仅是卫生纸，每当遇到纸巾和保鲜膜一类的日用品特价促销，他们就会跑去买。之所以这样做，是出于诸如"这都是平时用得着的东西，突然没有了会很不方便""这么便宜，现在不买，可能过了这个村就没这个店了"一类的强迫观念。橱柜里，到处都是用不完的存货在"睡大觉"的情景也屡见不鲜。

案例3　一家人的幸福时光——已经不用了的露营装备仍旧堆在走廊

美奈子家的东西可不是一般的多，甚至给人一种把婚前婚后的所有东西都留着的感觉。曾经收到的情书，读过的书，青春年少时"万人迷"时期的照片……30年前准备结婚的时候，美奈子正是如花似玉的年纪，丈夫追着她说"你要是不和我结婚的话，我就去死"，迫于这样的压力，她才与丈夫结了婚。可是30年后，曾经那么想要和她结婚的丈夫居然向她提出了"希望你能跟我离婚"的请求。美奈子的自尊被击得粉碎，自然无法接受。

她想扔掉像露营装备这些夫妻和睦、家庭幸福时期的象征物，却一件也舍不得扔。但是，借助断舍离，她开始正视自己的现状。她一点一点地进行整理，用了3年的时间，终于接受了离婚。如今，她已经能够意气风发地说："哎呀，要是早点恢复自由的单身生活就好了！我要去找新男朋友了。"不过，这个例子也说明，脱离执念是一件相当花费时间的事情。

案例4 把强效药保存了 15 年的妈妈

15 年前,妈妈患上了恐慌症。当时医生给她开的药效果十分明显,以至 15 年后的今天,她仍把那些药当宝贝似的收在药箱里。这不仅表明她担心自己的病不知道什么时候又会复发,同时,"把药留着"也意味着她认为自己的病"总有一天会复发",类似于一种心理暗示。当然,那些药早就过期了。我能理解这药当时疗效显著,让她十分感激,难以忘怀。可即使她又出现了同样的症状,在医学发展日新月异的今天,恐怕也早就研制出更好的药物了。为了消除不安,将药物这种证明自己得过某种病的东西放在手边,而这种病恰恰是导致不安的源头,从而陷入了恶性循环。

对"现在"的界定因人而异

在与无法舍弃物品的人接触的过程中,我发现了这样一件事,那便是人们对"现在"这一时间范畴的界定标准各不相同。

就拿足足将药品保存了15年的我妈妈来说,她恐怕就很难树立起断舍离的观念。因为连10年以前的事情,她也觉得是最近的事。就算我指着她好一阵子没用过的物品问她:"妈,这东西你现在还用着吗?还要不要?"她也会回答说:"我用着呢。"我半开玩笑地说:"这东西你就算留着,去世以后也带不到另一个世界里去。"她居然回我说:"谁说的,我在那边也能用!"在与妈妈对话的过程中,我发现对我妈妈来说,连20年前,都能划进"现在"的范畴里。我实在拿她没有办法,只能承认我俩对"现在"的认识是不一样的。

反之,小孩子却总是活在"当下"。因为他们正在长身体，自己一直在发生变化，对环境变化的感受也比上了年纪的人要丰富。所以说，对"现在"这一时间范畴的认识，不仅很大程度上会受到年龄的影响，也存在个体差异，还会随环境的变化而变化。说到底，**虽说如何认识"现在"这一范畴是自己的自由，但一定有一个适合自己的"现在"的长度**。希望大家能够在践行断舍离的过程中，找到适合自己的"现在"。

无法舍弃 = 不想舍弃

我经常会从参加断舍离讲座的学员那里听到这样一句话——我是那种无法舍弃物品的人。这是一种自己给自己贴标签的表现，透露出一种断定"没办法，我就是这种人"的感觉。但有时我也觉得，他们认真琢磨一下就会发现，自己其实不是"扔不掉"，而是"不想扔"。用断舍离中的"断"来表达，似乎更容易理解。经常有人说："我不会拒绝[1]，对任何事物都照单全收，别人托我做事时，我也无法将'不'字说出口。"可反过来说，这也意味着"我讨厌被人拒绝，不想受到伤害"。换句话说，这体现出了一种之所以不拒绝别人，是因为自己讨厌被拒绝的想法。"扔不掉"也是同样的道理。"扔不掉"的背后运行的机制是：将自己代入了物品，因为自己"不想被抛弃"，所以也"不想舍弃物品"。说到底，**问题并不在于自己属于哪种类型的人，而在于自己本身**。通过"扔与不扔"的语言表达方式，可以看清自己的内心。

另外，有没有一些物品，明明对自己来说已经"不需要、不合适"了，我们却仍旧留着？比如穿上后让自己觉得别扭的泡沫经济时代的西服套装。**尽管这些物品对自己而言已经"不需要、不合适、不舒服"了，自己却仍旧无法舍弃、仍旧堆在家里，原因就在于执念**。觉得"扔了可

---

[1] 日语中，"拒绝"一词的汉字为"断"。

惜"的执念。明明已经不穿了，却不想扔掉。整天想着不想扔掉的东西也怪心累的，于是渐渐忘却，最后放置不管。回顾将物品忘在脑后的过程就会发现，到头来只是"放置"与"保管"的区别，它们总归还是留在了家里，但是实质上，这些东西已经与垃圾无异了。

杂乱无章的房间就如同得了"便秘"

抛开执念和其他心理因素不谈，只要我们打开壁橱就会发现，明明怎么看都与垃圾无异，却不知为何一直留在家里的东西，居然多得不可思议。而之所以出现这种情况，理由大多都是——收拾起来太费事了。收拾东西实在是太麻烦了。如果还有大家伙或者重家伙，简直是烦不胜烦。即使是小东西，就说一支圆珠笔吧，也要区分哪部分是塑料，哪部分是金属[1]……一想到这些，又懒得扔

---

[1] 按日本垃圾分类的规定，扔垃圾前要先分好类。

了。结果，明明知道这支笔已经不能用了，还是放回了笔筒里。良心让你觉得"一定要给垃圾好好分类"，可比起垃圾分类，还是放着不管更省事，况且又不是没地方放。大型垃圾则要在规定的日期，扔到指定的地点，规矩和扔一般垃圾的又不一样，还不能不遵守。这么复杂烦琐的事情，任谁都避之唯恐不及。于是，那些与垃圾和废品无异的物品，就这样被留在家中置之不理了。

让我们把房间比喻成肠道来想想看。因为某些原因而没能扔掉的物品越积越多，源源不断地涌进来，却只进不出，这不就是"便秘"的状态嘛。一直摄入食物却无法排泄，这样会舒服吗？会很痛苦吧。然而有时候，症状也会发展成即使一周不排泄也不会觉得怎么样的状态。身体不适却感觉不到，这种状态意味着身体的感应器出了问题。换句话说，**房间里堆满物品却习以为常，就好比便秘导致了感觉麻痹。**

并且，便秘时，有害细菌还会不断释放出毒素，这些毒素被肠道再次吸收后，又会扩散到身体的各个部分，从而引发恶性循环。这不就好比我们要 24 小时呼吸着房间中名为垃圾和废品的有害细菌释放出的废气嘛。换句话说，如果房间里到处都是废品，就会产生影响心情的废气，导致自体中毒[1]。所以，房间也还是不要便秘的好。

便秘也分不同的程度，根据病情的轻重，选用的通便药物以及服药的数量也有所不同。对杂乱无章的房间来说，断舍离讲座，还有这本书，就好比"通便药物"。有人只需要听一次讲座，或者粗略地读读书，就能立即付诸行动。也有人需要读很多遍书，听很多次讲座，才能慢慢开始行动。曾经，我也帮因为体力与年龄很难独自一人收拾房间的人收拾过房间，这样说来，我不就相当于"灌肠师"了吗?! 其实，**只要稍微借助一点"通便药物"的力量，人是可以靠自己"治好便秘"的**。是有这种可能的。可话

---

1 由于消化不良和排泄不通畅而被自身产生的物质毒害的过程。

说回来，靠通便药物来治疗便秘，终究只是治标不治本。不改变平时的生活习惯，是无法根治便秘的。这并不是在打比方，因为这个道理也完全适用于堆满废品的房间。

废品和灰尘中显露出的"停滞运"与"腐烂运"

我们不妨把垃圾和废品比喻成生鲜食品。那些虽然没扔掉,但怎么看都与垃圾无异的物品,就如同"**坏掉的火腿**",因为已经不能吃了(= 已经不能用了)。

还有虽然算不上垃圾,但对你来说"不需要、不合适、不舒服"的物品。它们就好比是"**干硬的火腿**",虽然还能吃,但已经过了最佳品尝期限,美味不再了。换句话说,就是废品。我们会闻闻它有没有异味,觉得"还能吃",可以"等干硬的火腿变质后再扔掉",于是又把它放回冰箱。可是,无论再过多久,你都不会想再吃它了,扔了又觉得不忍心,于是,你便用一个不透明的密封容器把它们仔细密封好，到头来却根本记不得容器里到底都有些什么，甚至会"害怕把容器打开"。

用生鲜食品来打比方的话，就非常好理解了。你与物品之间的关系，是如同"坏掉的火腿"一般，还是如同"干硬的火腿"一般呢？如果你十分爱惜自己，自然会毫不犹豫地让自己享用新鲜的火腿。断舍离，就是为了让大家做出这样的决定。一位学员说过一句很有意思的话："火腿一旦坏了，我就会把它扔掉。要是衣服也像火腿一样会腐烂变质就好了。"的确，坏掉的火腿会发臭，外观也会发生变化，所以我们舍得扔掉它。可是，衣服腐烂则需要经过相当漫长的岁月，我们在博物馆里，甚至还能看到几百年前的衣服。然而我们要意识到，**从物品与自己的关系来看，有些物品实质上已经与"腐烂"无异了**。

我遇到过一位"扔不掉症"的重度患者，在我们的共同努力下，好不容易把他家里的"破烂"都挑了出来，可我却担心，这些东西如果放在他家的话，那位朋友会继续就这样留着它们。没办法，我只好把那些"破烂"带回去扔掉，结果搞得我车里一股霉味。因为衣服上的灰尘里有大量的霉菌和螨虫。我觉得，从物理意义上来讲，这些物品也已经与腐烂物无异了。

一位命理学家曾说："家里的运气，其实是肉眼可见的。"他认为，运气会通过家里灰尘的多少体现出来。由于工作关系，我见过不少杂乱无章的房间，对他的这句话有着切实的体会。家里的灰尘是多是少，一眼就能看出来，就像气压计一样一目了然。那些像"干硬的火腿"一样，虽然能用却不想用的物品散发出来的运气，断舍离称之为"**停滞运**"。那些像"坏掉的火腿"一样的垃圾，还有灰尘散发出来的运气，断舍离称之为"**腐烂运**"。不过各位，我接下来要说的才是重点。断舍离认为，反过来看，上述情况意味着，**只要将废品、垃圾、灰尘都清理干净，"停滞运"和"腐烂运"就也会一扫而空**。用"需要、合适、舒服"的物品取代"不需要、不合适、不舒服"的物品，我们看不见摸不着的运势也会有所提升。而且我的体会是，有些人家里80%的东西都是废品和垃圾，也就是说，"干硬的火腿"和"坏掉的火腿"占了80%，并且这些物品中，有一半都是与垃圾无异的"坏掉的火腿"。

将废品进一步分为三类

我们再进一步给有如"干硬的火腿"一般的废品细分一下类。

> 已经不用的物品

只是没有目的地保存着，并对其置之不理。或者说，自己甚至已经忘记了它们的存在，但又不忍心扔掉，于是一拖再拖。

> 还在使用的物品

虽然还在用,但对它们已经谈不上喜欢了,所以也只是随便用用。它们杂乱无章地堆放着,被不加爱惜地对待着。

> 承载回忆的物品

因为承载着回忆,所以我们怎么也舍不得扔掉它们。这类物品中蕴藏着强大的能量。

可以说,**"已经不用的物品"中,充满了一种用咒语将人束缚住的能量**。也就是说,让人陷入了**"诅咒的泥沼"**。因为实际上,你明明想要扔掉它们,却没有付诸行动,而且随着时间的流逝,你甚至都忘记了它们的存在。对原本是为了被使用才被生产出来的物品来说,它们会觉得"好寂寞啊""用用我吧""你要是不用我,就让我到能派上用场的地方去吧"。有一种在说"我好恨"的感觉。与此同时，你自己也一再打破"找时间把它们处理掉"这个与自己的约定。这意味着你不仅受到了物品的"诅咒"，对自己的信任也在逐渐丧失。

"还在使用的物品"让人陷入了"杂乱的泥沼"。明明自己并不是很喜欢，却仍在使用，这就相当于把对自己来说并不合适的物品拿给自己用。虽然还在用，却乱七八糟地散落着。它们不仅会导致房间杂乱，还会勾起你的羞耻心。看着杂乱无章的房间，用着与自己并不相配的物品，还不觉得不好意思，拥有此等心理素质的人恐怕少之又少。或者说，即使已经对这种情况习以为常，没太意识到这些问题，潜意识里也往往会觉得丢人。

"承载回忆的物品"，自身就散发出强大的气场。像画、古董、动物摆件、人偶等，都需要用特别的方式处置，比如拿到神社举行仪式后焚烧掉。与"已经不用的物品"形成的"诅咒的泥沼"和"还在使用的物品"形成的"杂乱的泥沼"又有所不同，它们身上可能会有消极的能量寄居。而且，如果你做出无视和忘却这种否定它们的行为，它们所散发出的"诅咒"能量会更加强大。

明白了这些，你就能清楚地知道，"满屋废品，杂乱无章"的状态，是无视、否定、混乱等多重负能量交织在一起的状态。你已经深陷泥沼，难以呼吸，就快窒息了。何况，那些带有强烈怨念的物品还原封不动地被你放在那里置之不理……想到这些，是不是想要立刻动手收拾房间了？

案例5 "过期"的千纸鹤

由于生病要做手术，弘树先生收到了工作伙伴们送给他的千纸鹤。后来，手术没做，病也痊愈了。然而，虽然病已经好了，那些千纸鹤却一直被弘树先生挂在自己居住的一居室里的床边，上面已经落满了灰尘。他说，他每晚都会看着这些千纸鹤入睡。这些千纸鹤包含着大家的心意，所以他舍不得扔掉。可是我却认为，一直看着这些千纸鹤，相当于在不断提醒自己"我生过病，病得很重"，千纸鹤的意义已经变得很危险了。所以，在向给他折千纸鹤的同事们和已经恢复健康的现状表达感激后，还是立刻处理掉为妙。千纸鹤挂在狭窄的房间里，原本就会造成很强的视觉冲击，在旁人看来，气氛着实有些诡异。但是，人在习惯了以后会感觉麻痹，甚至连这些都感觉不到。习惯真是可怕。无论一开始的时候，物品包含着多么美好的心意，随着时间的推移，物品的意义也会发生变化。这就好比再美味的食物，一旦过了最佳品尝期，也会变得难吃一样。

🗑 认清物品与自己之间的关系是否还有活性

经过以上的分类及分析，我们能够清楚地认识到，用一句话来形容家中的废品，就是"内疚的集合"，或者是"不安的集合"。我一直在对大家讲，断舍离始终是将时间轴放在"当下"的，而感到内疚与不安，则可以说是一种将时间轴偏离到了过去或未来的状态。

我们先来分析一下"内疚"。我之前说过，"已经不用的物品"仿佛带着"我好恨"的诅咒，反过来说，我们自己也会因为"没能将物品物尽其用"而隐隐感到内疚。心里想着"一定要用，一定要用"，却无法付诸行动，就这样过了一天又一天。紧接着便陷入"这样不行，这样不行"的自责中。可是，我们又会将"说不定哪天用得上"作为借口，继续将这些物品置之不理。这些事情是非常消耗能量的。因为在这一过程中，我们不断地自责，又不断给自己找借口。**这种行为就好比自己打了自己一拳，又自己给自己的伤口贴上创可贴**，导致能量逐渐流失。既然如此，那就"销毁证据"吧！把这些东西都扔掉不就得了。销毁了证据，自己不就"无罪"了嘛。对不对？别看我现在能够轻描淡写地说出这番话，可实际上，曾经的我也完完全全地陷入过这种状态。在我还做不到"断"的时候，家里全是买回来却不用的东西，可我仍旧会以"说不定哪天用得上"为借口，将它们收起来，内疚感也越积越深。

时间轴偏离到了过去与未来

即使心里想着"干脆扔掉吧"，也还是有一些东西，觉得扔了浪费，所以怎么也不忍心扔掉。比如泡沫经济时代买的大垫肩的西服套装,当时花了10万日元呢,多贵啊,何况还没穿几回。"花了10万块才买到手"的事实阵阵涌向脑海,**让时间轴回到了过去**。可即便如此,现在毕竟是不会穿了……

还有小时候父母买给自己的风琴和钢琴,尽管现在已经不弹了,却仍旧安安稳稳地放在家中,类似这样的情况也很多。比较常见的还有过去经常骑,但如今已经老旧生锈的自行车,实际上已经与垃圾无异了,不处理掉不行了,但一想到自行车那么重,扔起来又麻烦,就又懒得扔了。这又是怎么回事呢?**这是把能量留给了未来,准备未来再处理**。可这些东西留在家里,其中包含的回忆和能量反而会越来越强烈地散发出来,引起混乱。实际上,在我的印象当中,有些人家中80%的物品,都是这种时间轴偏离到过去和未来的物品。

剩下的20%,才是时间轴真正在当下的物品。这些东西即使杂乱一些,在断舍离看来,也并不是什么大问题。

因为这些物品与我们之间的关系是有活性的。尽管其中可能也夹杂着被自己粗暴对待的物品、对自己来说并不合适的物品，但是将它们替换成对自己来说"需要、合适、舒服"的物品，则是下个阶段的任务了。当务之急是明确这些物品处于"活跃"的正常状态。因此，**断舍离认为，比起杂乱无章，那些堆积着的属于"过去"和"未来"的物品才是问题**。

属于"当下"的物品也能分成几类。比如每天都要用的东西、一个月用一次的东西，使用频率再低一些的话，还有一个季度用一次，半年用一次，一年用一次，甚至只有在葬礼和婚礼时才能用到的东西。笼统地说，可以分为"日常使用"和"非日常使用"两大类。这也就意味着，并不是说使用频率低，物品与自己之间的关系就是非活性的。我们要仔细地辨别出这样的物品，并好好保管它们。

然而，我们也经常会见到这样的情况：明明正值盛夏，玄关却还立着滑雪用具。而这种情况，不正是空间被

■ "现在领域"与"过去、未来领域"——活性关系与已经终结的关系

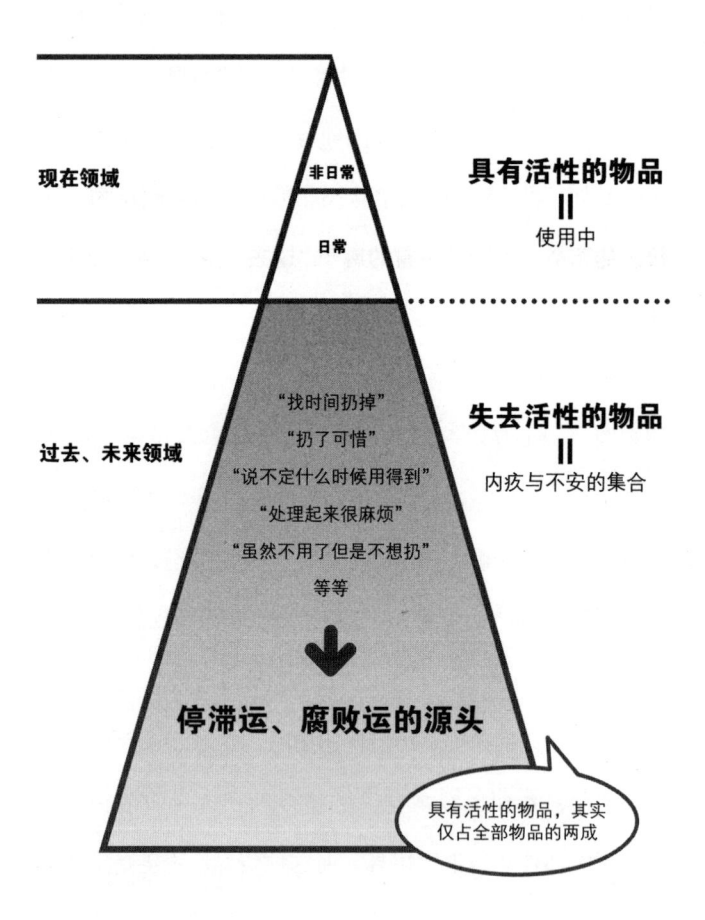

现在领域

- 非日常
- 日常

具有活性的物品
=
使用中

过去、未来领域

"找时间扔掉"
"扔了可惜"
"说不定什么时候用得到"
"处理起来很麻烦"
"虽然不用了但是不想扔"
等等

⬇

停滞运、腐败运的源头

失去活性的物品
=
内疚与不安的集合

> 具有活性的物品，其实仅占全部物品的两成

80%的属于"过去"和"未来"的物品压迫导致的吗？比如一年四季都把煤炉和电风扇放在外面。类似这样的情况，还是希望大家能够注意一下。

不把重点放在非日常使用物品上面

我还想提醒大家注意的一点是，添置物品时，我们容易将焦点放在非日常使用物品上面。比如说，为了一年也不来一次的孙子和亲戚，为了偶尔来小住一下的朋友，特意准备餐具和被褥。我们经常能看到有些人家中的餐具柜被大量给客人准备的餐具塞得满满当当，自己日常真正使用的却没多少，我想，这一定是因为，他们总是重复上面的行为。

断舍离中基本没有"客人专用"的概念。断舍离的思维方式是，把自己喜欢的，平时也一直在用的东西拿给客人用就好。因为自己平时使用的东西都是经过精挑细选的,足可以拿来待客。**为了一年一遇,甚至多年一遇的事情花钱,归根到底不过是"虚荣"而已。**比如客人仅在你家借住两晚,却过度将重点放在了365天中仅有两天使用的非日常之物上面。大多数客人来借住时,想必都不会抱着"我想用专门给客人准备的好餐具和好被褥"的想法。所以我想,不摆排场,以自然的状态来招待客人,才是最好的。

找回对自己的信赖

我们之所以会觉得"说不定哪天用得上",会因为"明知应该扔掉却迟迟无法行动"而产生内疚感,是因为我们对自身不信任。用我们与朋友之间的约定来打比方的话,理解起来就容易了。

比如说,我和朋友约好了要一起吃午饭,然而我却告诉朋友说:"不好意思,我今天突然有点急事,咱们下周再一起吃午饭好吗？"朋友也很爽快地答应道："没关系，下周也行。"可等到下周约定的那天，我又对朋友说："对不起啊，我今天也有点不太方便，咱们不然还是改到下周吧，好吗？"因为已经是第二次了，朋友虽然多少有点窝火，也还是说了句"……行吧，不过英子，你可真是大忙人啊"，就原谅了我。又过了一周，等到约定的那天，我如果再次对朋友说"不好意思，今天还是有点不凑巧……"的话，会怎么样？一次爽约，朋友尚能原谅自己，三番两次变卦的话，恐怕朋友就会觉得"即使和这个人约好了也没用，她不可信。与其将兑现约定的时间一拖再拖，不如干脆不约"。我的信用等级就会一落千丈。我们是不是也在对自己做这样的事情？心里想着"我要使用这件物品""我要以某种方式处理掉这件物品""我要扔掉这件物品"，却放在一边置之不理，这就等于将与自己的约定一拖再拖。这种事情日复一日地发生着，对自己的信任感也会渐渐丧失。

如果我遵守约定，告诉朋友"对不起，我已经爽约三次了，这次我一定能去"，去赴了午餐的约，并且对朋友说"之前是我给你添麻烦了，今天就让我来请客吧"的话，应该多少能赢回一点信任吧？朋友会觉得"她为这事也挺自责的，而且总归还是来赴约了"，从而恢复一点对我的信任。这样一来，我的能量水平也会有所提升，换句话说就是从疲惫不堪变得拥有活力，富有神采。这也说明，把一件物品收拾妥当，就是遵守了约定，**就是积攒了"信用资金"，就能逐渐找回值得信赖的自己**。

从减分法转向加分法

更重要的一件事，是完成从减分法到加分法的转变。不值得信赖的自己，一直处于"今天也没做到""没能遵守约定"这种给自己减分的状态。要从减分状态向"今天做到了""遵守了约定"的加分状态转变，从减分法变成加分法。仅靠做到这一点，自我肯定感便会一下子提升许多。"今天把这件东西放到二手交易网站上卖掉吧""今天请一位能用得上这件东西的朋友把它带走吧"，像这样渐渐行动起来，就能一笔一笔地攒下信用资金。虽然生活和工作中，还有很多事让我们想给或不得不给自己减分，但我们可以从整理物品这样的事情着手，一点一点地积攒"信用资金"，就不会进行无谓的自我否定了。这也有利于我们内心的从容与健康。

案例6 "找时间做"到底是什么时候做？——被搁置的英语口语函授教材

说起来有些不好意思，这是发生在我自己身上的事。在我还没有断舍离中"断"的意识时，曾经因为觉得"会说英语是件挺酷的事"，买了一套一年份的英语口语函授教材。形式是先付费，教材会按月寄过来。不过，冷静下来一想，我不是那种能按部就班、勤勤恳恳地学习的性格，于是倍感内疚，后来就开始给自己找借口，比如"报名的时候以为会有充足的时间学习，谁知怎么就忙起来了""留到暑假再集中学吧""要不等寒假再学""还是等春假再说吧""退休后也能学嘛"，一拖再拖，不知不觉就把它忘到脑后了。后来的某一天，大量的英语教材和磁带一股脑儿都冒了出来。那时，我家已经只有CD机，没有录音机了。我就这样对自己说着"找时间找时间"，把它们长年放置在一旁。现在想来，真是有不可估量的能量流失。最后,我通过"销毁证据",把自己"无罪释放",获得了解脱。如果能再早点把它们处理掉就好了。

无视与否定所散发出的负能量

下面我们回到物品的立场来看一看。假设我和两个朋友小 A 和小 B，是非常要好的三人组。一直以来，我们三个的关系都非常亲近。可在某一时刻，我的态度突然发生了 180 度大转弯，3 个人在一起时，我开始无视小 B，甚至连看都不看她一眼。如此一来，小 B 就会觉得很失落。接下来，她会感到越来越气愤，认为"山下英子这家伙可真没礼貌""真是个浑蛋"。断舍离认为，对待物品也是同样的道理。尽管物品不会真的开口说"你真是个浑蛋"，可若长年从事这方面的工作，便能够感受到物品仿佛在说"我好恨啊"。也许有人会觉得，我将物品与人相提并论，未免荒唐无稽。但我们把物品留在身边，原本应该是因为"想要使用它"，也正是基于这个想法，才把物品带回了家。可如今你并没有使用它，这就意味着你已经背叛了你们当初的关系。在断舍离中，我们始终要关注"物品与自己之间的关系"。如今这段关系变得不上不下的，**我们不仅无视物品，甚至把它们忘到了脑后，这不仅导致物品完全发挥不出自己的作用，甚至连存在价值都被否定了。**可作为始作俑者的自己，却早已忘掉了这件事，所以也没有罪恶感。然而目前的状态是，能证明你们之间过去的关系的物证，还仍然留在那里。

让我们带着上面的观点，打开家里的衣柜看看吧，里面的物品是不是散发着满满的被无视和否定的怨念？

曾经有一位学员，用一种独特的表达方式形容了这种景象。打开衣柜，衣服塞得密不透风，可其中经常穿的，只有最外侧的三件左右而已，剩下的那些总是待在原地的衣服，就好比"**大奥中不被宠幸的侧室**[1]"。虽然曾经受到过"将军"的宠爱，被拿出去穿在身上，可如今，"将军"却只理会那三件"新娶的侧室"。因为这里是大奥，所

---

[1] 在日本江户时代，大奥是江户城内将军夫人及侧室等的住处，也指代德川幕府家的"后宫"。

以一旦被"将军"宠幸过，就出不去了。待在里面的衣服，都在等着有朝一日能再得宠幸。大概就是这种感觉。"将军"一次最多也就能让3个人陪伴左右，剩下的30个人虽然受到冷落，可一旦受到冷落的侧室想要到别的地方去，"将军"或是出于执念，或是出于留恋，又会觉得放她出去有些可惜，于是便出手干涉，还是要把她留在身边。类似的事情反反复复地发生着，挺恐怖的吧？然而实际上，衣柜毕竟不同于大奥，如果确实穿不着了，就放那件衣服自由，对它说"去开启新的人生旅程吧"，才是更好的选择。不是只有扔掉一种方法，还有很多种方法，比如送人，或是拿到二手店。

比起生存，人类对归属、承认和认可的需求更加强烈。因为被裁员而把自己逼到自杀的地步，就可以体现出这一点。

大家难道不觉得，把衣柜塞得满满当当，**会让自己总是处于那些无法找到归属、得到承认、获得认可的"不被**

宠幸"的衣服所散发出的能量之中吗？

让房间变得"脏乱"的心理

把房间搞得乱七八糟，杂乱无章，**就相当于在给自己传递自我否定和自卑的能量**。为自己感到羞愧，瞧不起自己，觉得自己就是这种水平的人，而且潜意识里的羞愧感比自己想象的还要严重。不知不觉中，**连感知不快的感觉系统都麻痹了**。这样一来，便分不清究竟是因为房间杂乱才感到羞愧，还是因为感到羞愧才导致房间杂乱。把房间搞得脏兮兮的人也一样，都有一种自我惩罚的倾向。我说的这些如果让你想到了自己，那你首先要认识到，自己正处在这样的状况之中，这是可以自己做出诊断的，也是可以自己进行改善的。

案例7　在外是优秀的室内设计师，自己家却乱成一团

真由美是一名就职于房产公司的室内设计师。"好棒啊，你家也一定很漂亮吧。"每当听到有人这样夸奖她的工作，她都会变得很消沉。因为她家里的样子，简直惨不忍睹。参加完断舍离的讲座后，真由美开始重新审视自己究竟为什么要从事室内设计师这份工作。她自小家教严格，在父母的撮合下结了婚，最后婚姻却以失败告终。后来虽然再婚了，又因为没孩子而自责。她认定自己除了做家务别无所长，可即使拼了命地做家务，丈夫也不会称赞她，认可她。就在那时，她知道了室内设计师这个职业，找到了一个在家庭之外能受到认可的地方。可与此同时，自己家的家务她却做得越来越敷衍，家里家外的反差也愈发明显。这种状况让她觉得自己好像一直在撒谎，因而痛苦不已。这就是典型的逃避现实型的情况。了解到断舍离后，她

开始一点一点脚踏实地地收拾、整理自己的家，积攒起了"信用资金"。她还放弃了离开狭小的公寓，买套新房子的想法。因为她发现"其实不是房子太小，只是东西太多而已"。这可以说是一个借助断舍离省了几千万日元的例子。

重新思考住处的意义

见过许多杂乱无章、没有收拾的住处后,我的脑海中浮现出了这样一个公式:"**数量 x 场所 x 时间**",得出来的结果就是环境所承受的能量的大小。不是做加法,而是做乘法。

我们首先来看看数量和时间。"不需要、不合适、不舒服"的物品长期、大量存在于家里,与短期、少量存在于家里,这两种情况是有巨大的差别的。这样想来,住在带仓库、有年头的房子里的人可真不容易。因为家里沉甸甸地堆着经年累月代代相传的物件,这些东西既不单单属于一个人,也不仅仅属于一代人,处理起来相当棘手。

然后是场所。这也是一个很重要的因素。举例来说,我们经常能见到有些人家里,东西能从衣柜顶一直堆到天花板。睡在这样的卧室里，身心都得不到休息，因为总觉得有压迫感，甚至会失眠。不仅如此，地面上还散乱地堆放着许多物品，屋内寸步难行，这也会让人时常感到不安。总是隐隐觉得不安，实在令人疲惫不堪。头顶上堆着东西，会让人觉得气闷，仿佛运气都被挡住了。那么脚下呢？许多惯用句都是关于"脚"的，比如"脚下不稳""脚下被使绊子""扯后腿"。脚下堆满物品，类似的情况就有可能发生。断舍离认为，正因如此，我们才更要把脚下的物品清理干净。

断舍离的目的是"住育"

通过我们对没有收拾的房间进行的分类与分析，大家对自己的房间目前处于怎样的状态，是否有了清晰的认知？住处的状态，高度反映了我们自身的状态。但我觉得，尽管如此，我们在这个问题上仍旧没有太大的自觉，没有认真地与自己的住处"面对面"。

住处原本到底是为了什么而存在的呢？我们不妨来思考一下住处产生的原点。家能为我们遮风挡雨，为我们抵挡严寒酷暑。因此，断舍离认为，住处存在的大前提，就是"**保证健康与安全**"。这样想来，如果住处不能保证自己的健康与安全，便"称不上是真正的住处"。物品堆积如山，落满灰尘，滋生出霉菌和螨虫，这种环境算不得健康。上方的东西堆得高高的，脚下也堆着物品，连走路都困难。上有被物品砸到的危险，下有被物品绊倒的危险，住在这样的家里，也算不上安全。即使我们好不容易住进了从硬件条件来说密封性高、隔热性好的健康住宅，屋内若是这番景象，也无济于事。因为无论房子是新是旧，物品堆积都会有损健康，不利安全。有些人不顾家里是这种状态，只管抱着患有哮喘的孩子拼了命地往医院跑。看医生固然重要，可与此同时，也应该精简物品，让房间保持能轻轻松松打扫干净的状态，避免霉菌和螨虫的滋生。这样做，才能彻底地治好孩子的哮喘。

另外，许多人都十分看重食物和水的质量，因为水和食物是人类生存的基础。我们来想想看保持人类生存的底线。据说，有的人仅靠水和白糖，就成功断食了一个月。甚至还有新闻报道说，有的人被困住整整一星期没吃没喝，依旧奇迹般地获救生还。可是再极限一些，一旦停止了呼吸，人最多只能坚持5分钟就会丧命，维系生命的时间单位完全不同于食物和水。这样看来，我们同样应该重视**呼吸的质量**，就像重视食物和水的质量一样，不对，甚至要更加重视。

有个词叫"食育[1]"。相对来说，对吃进口中的东西，人们会给予更高的关注，但对住处和物品的关注度还远远不够。断舍离的目标，就是"住育"。

---

1 食育，是智育、德育、体育的基础，是指通过各种经验，学习与"饮食"有关的知识，养成选择"食物"的能力，培养能够实现健康饮食的能力。

🗑 尝试认识居住环境——摆脱"不知不觉"

自然环境，地球环境，家庭环境，肠内环境……人们对环境的理解多种多样。断舍离是从以下三种视角来认识环境的。

● 与人相关的环境或与场所相关的环境
● 近处的环境或远处的环境
● 靠自己的力量能够改变的环境或靠自己的力量无法改变的环境

与人相关的环境，关键在于环境中的人。举例来说，改变家庭环境不是一件简单的事,但改变场所环境,靠自己的力量还是可以做到的。从远近的角度来说,远处的环境不会对自己造成直接影响,所以想要改变的话,还是从近处的环境着手比较好。综合考虑这些因素,**"与场所相关、位于近处、靠自己的力量能够改变"**的环境,才是可以立刻改变,也是最容易改变的环境。换句话说,就是居住环境。

说点题外话,其实还有一种环境分类,那就是"看得见的环境和看不见的环境"。比如现在很流行说什么前世啦、祖先啦、气场之类的,某种意义上,这也是一种环境,是一种与人相关的环境。如果这些事物真的存在,那可是相当难以改变的。人们就算是一心扑在灵性世界上,想方设法想要改变这些事物,恐怕也是跌跌撞撞,步履维艰。既然如此,就更要好好利用看得见的环境中最容易改变的"场力"了。想要做出改变,关键就在于彻彻底底地从看得见的环境着手。

若想改变居住环境，首先需要做出诊断。我们要用旁观者的视角来看看自己的家。比如说，去别人家时，大家有没有过在心里觉得"怎么乱成这样"的时刻？可住在里面的人，却对屋里的景象熟视无睹，毫不在意地生活在里面。带着这样的想法回到自己家一看，发现自己家里居然也是相似的状况。断舍离到一半就半途而废的人，就是因为受不了用旁观者的视角看待现实。这种感觉就好比在减肥期间量体重一样，都是去面对不愿面对的现实。然而，重要的恰恰是这个过程。其实，度过这段艰难时期是有技巧的，我会在第四章向大家介绍。

让自己安心的地方，才是真正的住处——自己款待自己

假设我们回到家时，屋里乱七八糟，我们便会不由自主地叹口气说："唉，好累啊。"可如果家中窗明几净，我

们脱口而出的就会变成"果然还是家里让人安心啊"这类积极的话语了。我们在无意中说出的话，做出的动作、表情、行为，会给我们带来很大的影响。跟自己住在一起的人如果经常唉声叹气，想必自己也会跟着垂头丧气。即便是独自生活，自己的语言和态度也会影响到自己。如此想来，**语言和举止也属于靠自己的力量能够改变的环境之一。**

断舍离认为，自己的家如果能变成一个可以好好款待自己的地方，那就再好不过了。去高级餐厅吃饭时，如果只有自己用的是有缺口的盘子，我们会很不开心吧。可实际上，在自己家里，我们或许就是这样对待自己的。有时还有这样的事情：去高级美容院，花好几万日元享受完精致的护理和极佳的环境后，回到家面对的却是脏乱的房间……虽说我理解大家想要逃离现实放松一下的心情，可如果落差太过强烈，到头来反而会导致我们瞧不起自己。既然如此，那就让自己家也像美容院那样，成为环境极佳的空间不就得了？可以说，**断舍离也是一种极力想将落差渐渐消除的环境整理术。**

以前，我听一位在酒店做客房服务的人说过这样一件事：越是住在高级客房的客人，退房时越会将客房整理得干干净净。相反，住普通标间的客人退房时，房间的样子就有些惨不忍睹了，那样子仿佛是在说"反正打扫是保洁员的事"。其实，打扫干净也不是为了做给谁看，而是因为自己的事情自己就要好好善后。如果我们能够自然而然地做到这一点，那可真是太优秀了。

> 居住环境，是靠自己的力量能够改变的环境。把房间打造成能够好好款待自己的空间吧！

断舍离专栏 2

南丁格尔谈居住环境与健康

川畑伸子女士曾经是断舍离讲座的学员，如今已经成了讲座的主办者之一。她既是断舍离的宣导师（不知道这种叫法合不合适），也是一名心理治疗师。正是她的博客让我知道了南丁格尔的居住环境论。早在100多年以前，南丁格尔就对居住环境与身体疾病之间的关系有如此深刻的洞察，着实让我吃惊不已。南丁格尔"战地天使"的形象广为人知，却很少有人知道，她竟从居住环境的视角分析过疾病发生的机制。难道她才是"整理师"的鼻祖？

"不仅仅是堆积如山的杂物，还有一些地方也能体现出人们把家当成了不卫生的东西的仓库。许多年没有换过的旧壁纸，脏了的地毯，从不清扫的家具，这些都和把马粪堆在地下室里没什么区别，是导致空气混浊不净的重要原因。人们没有受过这方面的教育，再加上习惯使然，对如何保持健康的居住环境漠不关心，甚至连想都没想过这些问题。他们将一切疾病的发生都当成是自然趋势，当成是'神明的旨意'，从而'听天由命'。或者，即使想过要把守护家人的健康当成自己的义务，可一旦实施起来，又必然会败给种种的'怠惰与无知'，最终前功尽弃。"——《护理札记——护理时该做与不该做的事》，弗洛伦斯·南丁格尔著，汤槙益译（现代社出版）。

另外，南丁格尔认为，"怠惰与无知"主要分为三个方面，概括起来就是：

1. 不认为有必要每天都将家里巡视一遍，边边角角都不放过。

2. 不认为空房间也绝对需要通风、日照和清扫。

3. 认为仅仅打开一扇窗户，就足够让整间屋子通风换气了。

如此种种。

她的这些观点，即使现在读来，也叫人醍醐灌顶。

第三章

先从整理头脑开始
——断舍离式思维法则

断 舍 离

诀窍在于完全立足自我轴，并把时间轴放在"当下"

从现在开始，我将为大家介绍实践断舍离时不可或缺的思维法则。

虽说是"从现在开始介绍"，但是看过前面的内容，我想大家已经感觉到了，断舍离其实是一种非常简单的方法。总而言之，从行为而言，首要的就是"舍"。第一步，就是将不需要的物品慢慢扔掉。而舍弃物品时的诀窍，就是完完全全地立足自我轴，并且把时间轴放在"当下"。也不用分什么"衣物篇""厨房篇"，说什么对待不同类别的物品要使用不同的方法。可是，如何才能玩转这两条轴呢？接下来，我就来给大家说说其中的奥妙。

立足"自我轴"的诀窍——找准主语

假设这里有一副我正在用的眼镜,那么即使我拿着它对你说"请你用吧",你应该也不会用。可如果问你"是这副眼镜不能用吗?",答案却并非如此,你又会做出"能用"的判断。由此可见,对同一件"能用"的物品,我们会做出完全相反的判断。也就是说,"这东西能用"和"我会用它"是两码事。

然而,在我们家里,是不是有很多仅仅因为"能用"就被留下的物品呢?

比如便利店附赠的一次性筷子。能用吗?能用。自己会不会用呢?不会。至少不会主动想要去用。尽管如此,抽屉里仍会不知不觉地攒下一大把。我们总会产生这种仅仅因为"能用"就舍不得扔掉的心理,也就是陷入了"扔了可惜"的心理状态中。可这种状态,是一种**以物品为中心的状态**。就像我刚刚举的眼镜的那个例子一样,**物品原**

本就是因为"我会用它"才有价值，可许多人的想法却是**"眼镜能用""一次性筷子能用"**，把物品当成了主语，把主角的位置拱手让给了物品，把关注的焦点也放在了物品上。

我们带着这样的视角环顾一下房间就会发现，买蛋糕时附带的保鲜冰袋，干掉的湿巾，免费发的圆珠笔，住酒店时赠送的毛巾，已经把我们的收纳柜塞得满满当当。这些东西绝谈不上是"经过精挑细选后才留下的物品"，基本上相当于分好类的垃圾。如果这样的物品大量堆积在家里，自己就会对物品的质与量变得无知无觉。经年累月放在家里的这些东西，**从功能上说，早已经腐烂了**，只不过因为不是生鲜食品，形式上才没有腐烂。让自己置身于这样的环境中，与"住在垃圾放置处"别无二致。

说点题外话，我们经常能看到一些被称作"垃圾屋居民"的人出现在新闻里。他们的住处，已经超越了"垃圾放置处"，变成"垃圾场"的状态了。到了这种地步，他们对物品的质与量就不是"无知觉"了,而是"无感觉"了,丧失了认为垃圾是垃圾的感觉。而且我觉得,他们是有意让自己丧失这种感觉的。虽说不能一概而论,但处于这种生活状态的人,大多都经历过强烈的孤独。比如一家离散、财产尽失等。因为寂寞与悲伤的感觉太过痛苦,他们便关闭了感觉系统,可与此同时,他们连快乐与舒适也都感觉不到了,只是被一些东西包围着,以此来减轻寂寞的感觉。我总忍不住觉得,他们的"无感觉"是这样一种状态。不过绝大多数人都到不了这么严重的地步。别担心,意识是可以改变的。

我们要养成一种习惯,即经常想一想主语是什么,是"我"还是"物"?如此一来,我们就会有意识地去关注物品的质与量,从而判断物品是需要还是不需要。在无知无觉的时候,我们甚至连没气了的打火机都不会扔,还要当宝贝似的收起来。不能用了就扔掉。**这样,才能开始重新审视物品与自己之间的关系,养成"是因为这件物品真的**

能用，所以我才在用"的思维方式。

用人与人之间的关系比喻人与物之间的关系，了解"当下"的意义

下面，为了更好地把握自己与物品之间的关系的变化过程，我们把自己与物之间的关系转换成与人之间的关系来看一看。

房间有如垃圾放置处一般，就相当于**过着周围全是人的生活**。也许你会说，反正都是人，待在家也没什么大不了。但他们是你完全不认识的陌生人，而且还满屋子都是，恐怕你会不太舒服吧。既然如此，那就慢慢进阶，让自己取代那些"还能用"的物品成为主角，去判断自己"用不用"。能到达这一阶段，已经是相当大的进步了。用人际关系来打比方的话，就相当于**从周围都是陌生人的阶段上升到了周围都是熟人的阶段**，人数也大大减少了。这

种感觉应该类似于出国后,四周都是外国人,这时若碰上个本国同胞,心里就会踏实一些。比熟人更进一步,接下来要做的,就是**确认熟人中有哪些能称得上是朋友。到了这一阶段,就要引入"时间轴"了。**有的人,你也许曾经与他很要好。类似于,你也许曾经将某样东西视若珍宝。他带着你对过去的眷恋,勾起你对过去的阵阵怀念。可现在你们的价值观出现了分歧,你们之间的关系或许已经谈不上亲密了。要将这样的物品分辨出来。在这一阶段,比起勉强自己做出"既然如此,那就扔掉吧"的行动,不如先关注一下自己的变化,也就是看到自己在逐渐学会用这样的视角审视物品,并且慢慢接受这样的变化。换言之,就是让自己**进入到挑选"现在"对我来说必要的朋友的阶段**。

用这样的视角去看待问题,也许很多人在感情上会觉得于心不忍。可是,除了极个别情况,人与人之间的关系不断发生变化,本就是再正常不过的事情,我们也能很平静地接受人与人在不知不觉中渐行渐远。可遗憾的是，物品并不能像人一样主动走出你的世界。所以，判断物品该何去何从，以及做出判断后的行动，也就是说，是扔掉，是回收再利用，还是请需要它的人把它带走，都只能靠自己主动去做。

　　坚持用这样的视角审视物品，你就能渐渐看清哪些物品是"当下"的自己并不需要的。有参加过断舍离讲座的学员这样形容过这种状态："明明一直在扔，但垃圾还是源源不断地冒出来。"甚至连街上卖的东西，看起来也净是与垃圾无异的无用之物。人的认识居然发生了如此大的转变。断舍离将这种状况叫作"废物处理IQ"提高了。再更上一层楼，**就到达了能够挑选出"好友"，即只留下自己真正需要、真正喜欢的物品的阶段**。毕竟，和很多人都交情深厚，是很难做到的。所以说，到了这个阶段，才能达到真正的精挑细选的状态。

案例8 一副假牙，让她接受了丈夫去世的事实

10年前，丈夫的突然离世，让胜美的身心都变得死气沉沉。丈夫的去世，突如其来的寡居给生活带来的变化，都让她难以接受。变得一片狼藉的厨房，似乎在诉说着10年来她对生活的无尽哀叹。终于，她再也无法忍受厨房的这副惨状，决定开始断舍离。她准备每天拿出两小时，用3天时间将这10年里积攒下来的东西干脆利落地清理干净。在水槽的缝隙里，她居然发现了一副丈夫的假牙。看到这副假牙时，她不禁大笑起来，心想"他在那个世界吃饭时，应该挺费劲的吧"。她觉得，这副假牙仿佛象征着她对丈夫的思念。她切切实实地感受到，如今，自己已经可以像这样笑着接受丈夫去世的事实了，无论是物品，还是内心，都该向着下一个阶段前进了。她将珍贵的回忆留在心底，扔掉了物品，用这样的方式，找回了"现在"的自己该有的状态。过去的状态如同幻觉一般消失了，直

到现在,她的房间也一直轻轻松松地保持着清爽利落的状态。以断舍离为契机,她接受了丈夫去世这一让人非常痛苦的事实,带着轻松舒畅的心情,迈向了新的人生阶段。

∙∙∙

筛选物品时的诀窍:
时刻铭记不要看"能不能用",而要看"我用不用"。

厘清"扫除"这一通称概念

提到"扫除"这个词,我们会联想到哪些行为呢?用吸尘器打扫房间?把散乱的物品收进收纳箱?将没用的物品扔掉?想必每个人联想到的行为都各不相同。实际上,"扫除"这个词的含义相当模糊,而且我们一直都是在没有弄清定义的前提下使用它的。

在这里我想请大家回答一个问题。下列行为中,哪些属于"整理",哪些属于"收拾"呢?

- 把洗好后放在沙发上的衣服叠起来
- 把散乱的玩具收进玩具箱
- 把拿出来的书放回书架

- 把用完的文件放入文件盒
- 把餐具烘干机里的盘子和杯子放回餐具架

断舍离认为，这些都属于"整理"，不是"收拾"。正如本书的第3页所说，断舍离对"收拾"的定义是"一项筛选出必要物品的工作"。上述五种行为，要么是把物品放回原处，要么是给物品变了个样后换了个地方，或者仅仅是把物品挪开让它不再碍事而已。在断舍离看来，只有将不需要的物品清理出家门，才称得上是"收拾"。

很多人都会将"整理"与"收拾"混为一谈。所以，我们首先来明确一下二者的范畴。

许多整理术、收纳术呈现在我们面前时，都没有厘清"扫除"的概念。我曾经到一个因为收拾不好屋子而深感苦恼的人家里拜访，居然在那里发现了一台买回来4年还原封不动地待在包装盒里睡大觉的吸尘器。可能在那位朋友看来，只有"扫除"时才需要动用"吸尘器"。可如果不把家里多到快要溢出来的垃圾收拾干净，吸尘器是永远等不到出场机会的。

断舍离将"扫除"明确地分成了三大类，即上文所说的"**收拾**"，涉及收纳术的"**整理**"，以及包含"扫、擦、刷"的"**打扫**"。

请大家再想想看，是不是发现，三者的含义其实完全不同？大家有没有觉得，三者无论是在思维方式方面，还是在行为模式方面，都大不一样？整理也好，打扫也罢，都要在收拾妥当后，才能顺利进行。就拿整理书籍来说吧，比起整理不知不觉变得越来越多，还东一本西一本的100本书，整理经过精挑细选后留下的真正需要的10本书，肯定要顺利得多，迅速得多，分类时也容易得多。而且这10本书就算散落在地上，也不会让人觉得乱。相比于散落着100本书的地板，还是东一本西一本地扔着10本书的地板"扫、擦、刷"起来更轻松。换句话说，**"扫除"是要按顺序的**。可我们却每天都在没有收拾的前提下，也就是在没有精简物品、大量的物品一点都没少的前提下，去动手整理。结果刚整理好，马上就又变得乱七八糟，打扫起来也费劲得很，让我们倍感痛苦。而且这样还会花费大量的时间，导致人生宝贵的时间就这样被浪费掉了。喜欢收纳术，把收纳当成兴趣爱好的人倒无所谓，但大多数人还是希望把更多的时间用在其他事情上吧。

由于我经常讲关于收拾、整理和收纳的事情，所以常有人误以为我挺爱收拾的，但实际上，我是个非常怕麻烦的人，我也不是那种能把生活中的小智慧分享给大家的超级主妇。我之所以能想出断舍离的理论，说到底不过是因为想尽可能地省点事而已。因为不擅长收纳，所以就精简物品。因为不喜欢打扫，所以就尽量不在桌面、地面等水平面上放置物品，这样打扫起来能轻松些。换句话说，我是在思考如何才能尽量不用打扫房间时，想出断舍离这种"做减法"的主意的。从这个意义上讲，可以说，整理术和收纳术其实是给那些擅长整理和收纳的人准备的。可是对那些人来说，即使不告诉他们这些方法，多数人自己也能琢磨出来。我切实地体会到，**恰恰是那些觉得收拾、整理和打扫这类有关"扫除"的事情很麻烦的人，才更需要断舍离**。因为我自己就是如此。多亏了断舍离，这些事情做起来真的轻松了不少，我会自然而然地想要去"扫、擦、刷"，甚至觉得这是一桩乐事。

我在讲风水的书，还有自我启发类的书里，都看见过要重视厕所卫生的内容。厕所的确很关键。把家里最容易变脏的地方打扫得干净明亮，是一件能让人觉得心情很好的事情。但是，如果家里完全没有收拾过，想要腾出手来擦厕所，想必绝大多数人都会觉得很难做到。况且，如果房间一点都没收拾，就算把厕所擦得锃光瓦亮，真的能提升财运[1]吗？对此，我还是有点怀疑的。

---

[1] 日本人认为厕所有神明，厕所干净则财源滚滚。

■断舍离中"扫除"的概念图

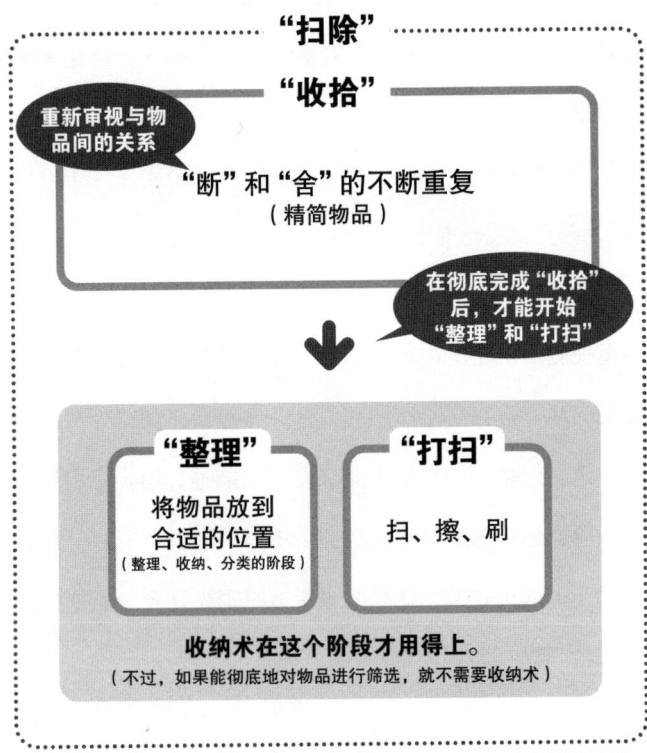

"扫除"

"收拾"

重新审视与物品间的关系

"断"和"舍"的不断重复
（精简物品）

在彻底完成"收拾"后，才能开始"整理"和"打扫"

⬇

"整理"
将物品放到合适的位置
（整理、收纳、分类的阶段）

"打扫"
扫、擦、刷

收纳术在这个阶段才用得上。
（不过，如果能彻底地对物品进行筛选，就不需要收纳术）

※ 在断舍离中，"扫除"是"收拾""整理""打扫"这三种行为的总称，与"打扫"的含义不同。

去关注"不扔东西所造成的损失"

大家听没听说过,经济学上有个词,叫"帕累托法则"?

它还有个别名叫"二八定律",意思是"销售额的80%是由20%的销售员创造的",换句话说,这条经验法则告诉我们,**大部分的结果是由小部分的原因产生的**。

在过去的很多年里,我通过断舍离讲座,接触过数千名学员,听他们讲自己的事情,有时还会到一些学员家里看看。在这个过程中我有了一种感觉:虽然每个人的情况都各有不同,但"二八定律"放在物品上,似乎也同样适用。

本书第76页那幅讲"现在领域"和"过去、未来领域"的图,恰恰表明了这一点。实际上,有价值、有用处的东西只占物品总量的大约20%。而且我的感觉是,80%的情况下,有这两成东西就足够了。换句话说,**因为东西不够用而感到困扰的概率,只有20%**。那这是不是说明,把所有东西都留着,就丝毫不会感到困扰了呢?也并非如此。不仅不会如此,那些几乎等不到出场机会的物品还会成为"内疚与不安的集合",堆在家里难以处理,倒不如说,留着它们才更令人困扰。所以说到底,既然20%的物品足以应对80%的情况,那些绝大多数情况下都只会给我们徒增烦恼的东西,还是扔掉更划算,不扔反而是损失。

在本书的第49页,我向大家介绍了"三种无法舍弃物品的人"的其中一种——担忧未来型的人,这一类型的人就往往容易将焦点放在"只有20%的概率会发生的事情上"。在刚开始践行断舍离的时候,如果"多浪费啊""好内疚啊"的感觉阵阵涌上心头,**想一想"不扔所造成的损**

失",可以有效遏制这种感觉。

而且,东西越多,我们就越会陷入"不得不去管理它们"的状态中,总要逼着自己去管理它们。一旦忙得管不过来时,物品就会像发大水一般四处泛滥。可如果物品本就不多,即使我们忙得顾不上管它们,也只会是最低程度的"泛滥"。首要的就是认真践行断舍离,只留下自己喜欢的物品。这样一来,管理起来也轻松快乐得多。因为毕竟都是自己喜欢的东西,它们身上散发出的是与自己合拍、与自己投缘的能量。换句话说,它们是自己的伙伴。这项工作,就像是把房间打造成周围全是自己伙伴的状态,也可以说就像是挖宝寻宝一样。

掘土是个辛苦差事,但如果能从土中挖出宝藏的话,想必没有人会不动手去做吧!

案例 9　囤积的食材反映出的工作压力

由于职业是教师的关系，由美子经常有家访的机会。她发现几乎家家户户都是一副无处下脚的"惨状"，待回到自己家里一看，其实自己家也是同样的状况。这些年来她一直很忙，完全放弃了收拾屋子。虽说堆放在房间里的没用的纸质资料和书籍也很碍眼，但仍旧选择先从厨房开始收拾。因为厨房是处理生命活动之根本——食物的地方，厨房如果乱七八糟，社会活动和精神活动也无法顺利开展。

因为担心"下次不知道什么时候才有时间来买东西"，每次去超市，她都会买一大堆食材，把冰箱的冷藏室塞得满满当当。冷冻室里，很多年前买的速冻食品堆得像小山一样。为了让她更客观地理解家里的食材已经"泛滥成灾"的状况，我把放在冰箱第一层的东西全都拿了出来，摆在地板上，这也算是一种冲击疗法。看到食材的数量多得超乎想象，由美子震惊不已。被我们"挖掘"出来的食材中,大部分都是她三年前买回来的。我一问才知道,那一年她第一次担任班主任,那是她事业上的转折点,是她在责任的重压与想要获得认可的愿望的夹缝中拼命努力的阶段。

她决定从"断"开始做起,在把冰箱中的食材吃完之前,尽量不买新的。只要她坚持贯彻下去,就能进入"断舍离"的过程,开始借助物品来改变自己。

- - -

> 那些舍不得扔掉的物品,是不是 80% 的情况下都用不到?

"越是别人的东西,越看起来像垃圾"——如何处理同一屋檐下的人的物品

只要不是独居,就要与家人或者住在同一屋檐下的人共享居住空间。这样一来,就会面临一个问题:如何对待别人的物品?

坦白说,相比自己的,我们总是看别人的东西更碍眼。人也好,动物也罢,只要不是独处,就一定会争夺地盘。我们在房间里放置物品,就像狗狗在电线杆下小便一样,是一种标记领地的行为。如果彼此之间彰显存在、获得认可的需求无法得到满足,那么对方的东西在自己眼里便与垃圾无异。

举个例子,假如妻子对丈夫说"这种垃圾不要了吧",丈夫就会觉得自己遭到了否定,并因此感到受伤。如果不小心将丈夫的东西扔掉,一定会引发一场激战。所以,如果你一阵一阵地有想要把别人的东西扔掉的冲动,请克制

一下，不要随便把别人的东西扔掉。因为别人如果这样对待你的东西，你也会很不爽吧？还有一件十分不可思议的事，那便是当你意识到"不能通过物品来强调自己的存在"时，"别人的东西看上去都像垃圾，真让人火大"的感觉也会自然而然地消失。就像在对镜自查一样。反过来说，如果相对于自己的物品，你更在意别人的物品，也是你放着自己的东西不管，只想着责备他人的一种表现。"是丈夫把家里弄乱的，我才不会收拾呢"——一旦你有了这种想法，就意味着你自己的物品也得不到收拾。一位来参加断舍离讲座的学员曾经很火大地对我说："为什么孩子们会把那么多东西放在客厅啊？"结果一开始断舍离才发现，自己的东西比孩子们的还要多。所以说到底，还是要先从自己做起，最好不要想着去控制别人。

那么究竟该怎么做呢？这里其实有一个诀窍，那就是**先不要管别人的东西，而是去享受收拾自己的物品的乐趣**。"断舍离多有意思啊""把这里收拾清爽后，心情也舒畅了",开开心心,乐在其中。这份快乐是会传染的。因为不同于以往的收拾,断舍离并不将收拾本身作为目的,不带有义务性的强制感。断舍离是一种借助物品来发现自我、肯定自我的工具,所以断舍离的过程很快乐。断舍离与收拾之间这种"180度大翻转"似的区别,就让我们通过自身的行动来体现吧!

将周围人卷入"断舍离旋风"中

近来我感到,那些与来参加讲座的学员同住一个屋檐下的人们,越来越多地被自然而然地卷入到了"**断舍离旋风**"中。多年前,许多学员还因为"老公反对我断舍离,所以我根本没法推进"来向我倾诉烦恼,然而最近,"我默默地开始践行断舍离后,丈夫也开始兴冲冲地收拾起东西来了"的反馈却越来越多。之所以会产生这种变化,原因之一就是,学员自身践行断舍离的方式、对待断舍离的态度发生了改变。**之前，他们践行断舍离的一大动力是"对乱糟糟的房间感到不满"，而现在，他们开始将关注点转向自己的内在世界**。这种态度一定也影响到了周围的人。同时我也感觉到，现在**这种物品一味增加的趋势已经达到了饱和点，从某种意义上说，人们也开始渐渐"觉醒"了**。当然，个体差异仍然存在。但我感觉，对不知道如何与物品相处的丈夫、妻子、爸爸、妈妈、女儿、儿子来说，现在恰恰是迎来改变的大好时机。

案例 10　带仓库的老房子里发生的奇迹——"山终于动啦！"

沙也加女士出生在一间带仓库的老房子里。房子非常大，仓库里也被一代又一代的人传下来的大量物品堆得满满当当。负责日常维护和管理这些物品的，是嫁到这家的媳妇，也就是沙也加的母亲。可是，虽说是由母亲负责，她却没有舍弃这些物品的自由。多年以来，母亲都不得不过着这样的生活。老人去世后，自由舍弃、处置这些物品的决定权才到了母亲手中。但她已经忘记了自己的这份权利，依旧任物品堆在那里。

最先来参加断舍离讲座的是沙也加。回到家后，她说服了母亲，和母亲一起来参加了第二次讲座。听完讲座后，在别人眼里十分顽固的母亲居然开始舍弃物品了。她舍弃物品的方式很惊人——边哭边扔。她的眼泪中，包含着舍弃物品时的不忍、难过,最重要的,是从物品中解脱出来的畅快。这一幕让沙也加深受感动,她用"山终于动啦!"来形容当时的情景。越是有年头的房子,背负的能量也就越沉重。即便如此,也终将会迎来改变。

从信息过剩到知行合一

手相、面相、风水，中国有"相"的概念，并由此催生出了通过分析外部形象推测命运的技术。这种技术不仅仅用于占卜，中医里，有一种叫"望诊"的诊断方法（即通过观察脸色、舌苔等表象来判断病人的体质与症状），用的也是这种技术。通过"看得见的世界"中显示出来的信息，去判断位于更深层次的彼端的"看不见的世界"的状态。在断舍离中，我们也引入了"相"的概念。就像我之前说过的，住处的状态也可以凸显出人本身的问题。正因如此，断舍离才将"更多地了解'看得见的世界'""让'看得见的世界'变得更好"奉为宗旨。

"相"的世界与意识的世界

有个词叫"冰山一角",意思是通过冰山显露出来的一小部分,可以想见隐藏于海面下的庞大山体。这个例子也常用于形容人的意识世界。

一般来说,人的意识中,只有 4%~15% 的意识属于"外显意识"。我认为,在断舍离中,物理意义上的"看得见的世界"与"看不见的世界"的比例也基本如此。虽然没有科学证据证明,但我想"相"的概念,以及"相"与"看不见的世界"之间的关系,大家在日常生活中,不知不觉也都感受得到。人本身也是如此,通过表情和举止这些表象,我们自然而然就能判断出一个人是神采奕奕,还是无精打采。可仅仅只是看出来、判断出来,即使可以带来一些变化,但想要促成大的改变,恐怕仍旧很困难(想来,占卜术一类的东西绝大多数都是仅仅停留在"判断"这一步)。但是,在断舍离中,首先认识房间的"相",再通过"舍"和"断"的行动，就能带来巨大的改变。换言之，**就是通过让 4%～15% 的"看得见的世界"动起来，去改变"看不见的世界"。**

改变自己，改变他人，改变人际关系，改变看不见的内心世界以及各种关系，都不是轻而易举的事情。所以，先来改变眼前的环境吧。慢慢地我们就能深切地体会到，淤塞在自己潜意识中的东西也被清理干净了。

就好像，你想拧开厨房的水龙头放水，或者给马桶冲水，可若下水道堵塞了，恐怕你是无法安心让水流下去的。打开水龙头时，总会觉得有些不放心。既然如此，何不把下水道好好疏通一下，让水顺畅地流下去，知道"下水道已经通了"以后，就能放心大胆地打开水龙头了。这就相当于，潜意识里同意接收新信息了。如此一来，有用的信息才能流进意识里。而潜意识中的信息之所以散发不出来，是因为潜意识发生了堵塞。**正因为意识发生了堵塞，才会产生不想打开、不愿打开的心理。因此，才要通**

过清理家中堵塞的物品，来进行意识训练。就是这样一种机制。滞留在家中的物品，象征着"扔掉多可惜的内疚与万一用得到的不安"，是毫无价值的东西。断舍离认为，从物理意义上将这些物品清除出去，会对潜意识的改善起到很大的作用。

从今往后要"知行合一"——重要的是训练

即使我们对"相"的概念，或者一些其他的信息有了一定的了解，但知与行还是有天壤之别的。拿我们身边的例子来说，即使我们学了英语，如果不实实在在地去说去听，去进行实地练习，也无法做到"真正掌握"。但我的切身感受是，日本的英语教育没有给我们提供这样的环境。教是教了，但没有练习的时间和机会。虽说尽管如此，我们仍有可能轻松应对英语考试，但这样一来，就脱离了我们想要使用英语这门语言的初衷。我感觉，类似的事情在自我启发的领域也时有发生。市面上出现了不少这方面的书籍,里面的内容也都非常不错,但似乎很少有书籍说明我们该从何处着手进行练习。而断舍离之所以有效,就是因为可以立即从自己家里开始做起,从扔掉眼前的一件无用之物开始做起。

生存在现代社会,信息泛滥成灾。一直以来,我们都生活在物品与信息都一味增加的时代。有个词叫"知行合一",意思是知道的道理要与自身的行为相一致。今后,**我们也需要排除多余的信息,只选择能够促使自己付诸实际行动的信息。**衷心希望大家可以**告别"头脑便秘"**。

"扔了可惜"的真实含义

在本章的开头我们说过,在"扔了可惜"的感情里,是将物品作为了主语。换句话说,判断标准不是"我要用",而是"这件物品还能用"。仅仅因为物品还能用,就产生了不忍心扔掉的心理。可是通常来说,"扔了可惜"又是"珍惜物品"的代名词,在进行扔与不扔的取舍和选择时搬出这句话,**就好比拥有了免罪符,允许自己因为内疚而不扔东西**。不过,这种感情本身并没有错。

其实,"扔了可惜"还有另一种解释,那便是**对物品的喜爱之情**。在把物品买回家时,请好好体会一下这种心情。如果你真心实意地喜爱它,你是不会对它置之不理的。而如果你连它的存在都忘到脑后了,当然也不会对它进行日常维护和保养了，只是偶然发现，哎，我还有这么件东西啊，可扔掉又觉得"可惜"。"可惜"如果被用在这种情况下，就不能说是出于对物品的"喜爱"了。这只是你给自己怕麻烦找的免罪符，或者是对物品的执念。如果在添置物品时，就能好好确认一下自己对它的喜爱之情，是绝不会发生物品堆积如山、不能物尽其用的情况的。

"勿体无[1]"本是佛教用语，表达的是对物品失去其本来形态的惋惜与慨叹。

从公共事业建设支出削减问题看两种"可惜"

最近，公共事业建设支出削减以及公共事业建设细分化的问题引发了热议。我认为，这些问题的根本，就在于对"可惜"的两种不同解释。

---

[1] 日语中，"可惜、浪费"一词的汉字写作"勿体无"。

说到这里，我想起了2006年当选滋贺县知事的嘉田由纪子女士。嘉田知事当时以"可惜"为口号，提出中止已经动工了的新干线新车站的建设。当初在制订建设计划时，就有声音从便利性、建设费高昂等方面质疑过该车站的实用性，这种质疑声也推动了嘉田知事的当选。另一方面，赞成推进车站建设的一派，则以已经动工为由，提出了"半途而废未免'可惜'"的相反观点。换言之，**这其实是两种"可惜"的对立**。赞成继续建设的一方认为"已经在建设中了，中途停工太'可惜'了"；知事一方则认为"继续把钱花在没什么实用性的车站上，太'可惜'了"。新车站的建与不建，恰恰是本书第47页的那幅图中所描绘的出口（"舍"的闸门）与入口（"断"的闸门）的两种"可惜"的对立。不过，最后收获多数滋贺县居民支持，成功叫停项目的，仍旧是主张在入口就避免"可惜"的嘉田知事一方。

类似的情况还有民主党上台掌权后备受瞩目的搁置水

坝建设计划问题。一种声音认为"都已经建了这么久了，现在叫停太'可惜'了"，另一种声音认为"不对，建设根本没用的水坝才是真正的'可惜'"。在滋贺县的例子中，幸运的是纳税人所缴纳的税金并没有遭到更多的浪费。可正如媒体天天大肆报道的那样，在行政层面，任谁都觉得"荒唐"的政策和项目得以堂而皇之地通过的事情仍在发生。

可是，一旦从个人层面去看待这个问题，我们就会意外地发现，自己其实也在不经意间面临着同样的问题。如果不好好梳理一下"可惜"这个词的含义，即使在个人层面，也同样会面临两种"可惜"的对立。你会选择哪种"可惜"呢？我甚至觉得，根据在这个问题上做出的不同判断，人生的状态也会发生改变。另外，下面这种思维方式也很重要。既然觉得"可惜"，就不要只把东西一直放在家里，而是要分享。正因为觉得"可惜"，才不能为了说不定什么时候用得到而一直把物品放在家里保管，而是要将物品送出去，送到此时此刻就需要它的地方去。**用宏观的视角去看待"可惜"，使之成为物品循环的原动力**，也是一种非常不错的断舍离的方式。

> 希望你不要认为"可惜"是不扔东西的免罪符，而是要意识到，"可惜"是对物品的喜爱之情。

生活就是不断地选择，要锻炼"选择力"

　　断舍离有各种各样的副产品，锻炼"选择力"就是其中之一。断舍离，就是连续不断地筛选筛选再筛选。虽说在不同阶段，选择的标准也各有不同，但选择的标准还是应该尽可能地简单。因此，分类也要做到尽可能地简单。

不要让自己面对大量的物品

　　我们之所以行动不起来，一个很重要的原因就是一旦面临过多的选项，就什么都选不出来，即所谓的"回避决定定律"。要从二三十样东西中做出选择，光是搞清楚选项都有哪些就够我们焦头烂额了。像我这种怕麻烦的人，光是看见居酒屋菜单上庞大的菜品数量,就已经晕头转向了。然而,如果将选项精简到只有"松、竹、梅"或者"A、B、C",我便可以轻松做出决定。

说点题外话,如果把这样那样的东西统统塞给孩子,孩子就会成长为缺乏主体性、选择能力低下的人。大家周围有没有把"无所谓"挂在嘴边的孩子?被给予太多东西的话,便无法学会思考究竟什么才是自己需要的。"最多只能拥有三样东西""从三样东西中进行选择""分成三类",这样做的话,理解起来会非常容易,行动起来也简单。所以,大家可能也注意到了,在断舍离中,经常可以见到"三分类法则"。不管是"无法舍弃物品的人",还是"没用的物品",抑或是"扫除",断舍离都将它们分成了三类(还有其他,特别是相关的实践方法,我会在第四章详细介绍)。这样做,不仅便于整理,还能激发干劲。总而言之,锻炼选择能力,能够在工作和生活的所有领域强化"自己想要做什么"的主体性。

🗑 写给仍旧"扔不掉""送不出"的你!

"**这是对我来说很重要的人送给我的**""**我原本就是那种不忍心把东西扔掉的人**""**要是让××知道我把他送我的东西扔掉或者送人了,他会难过吧**""**如果别人这样对我,我会很不舒服,所以己所不欲,勿施于人**""**我可不是那么薄情寡义的人**"……用这样的理由将不需要的物品留在家里,真的是物品所愿吗?送给你这件物品的人真的希望你这样做吗?因为物品没有生命,所以有的人可能很难想象物品有自己的意志。那好,我们来稍微换一下提问的角度。对无法发挥出本来作用的物品置之不理;因为不是自己喜欢的东西,就粗暴随意地对待它;明明不觉得这件物品有多重要,却仍旧碍于情面把它留在家里——你喜欢这样的自己吗?

恐怕大部分人都不会喜欢这样的自己吧。自己如果处在物品的位置上，被这样对待，肯定也会很不舒服。只不过碰巧物品没有意志和感情，你有感情罢了。说到底，物品是一面映射自己的镜子。映射出来的，是一个一直以来你都不愿意承认的自己。正因为要直面这样的自己，与物品面对面，脱离无用之物才需要勇气，过程也很痛苦。可是，一旦你了解到这件事"就是这样"，就是这样一种机制，是不是觉得事情反而简单起来了？什么啊，原来问题不是出在其他事物身上，闹了半天，全回到自己身上来了啊。既然如此，就只能付出行动改变自己了，而且只要这样去做就好。对人来说，被半死不活地吊着是最难受的，对物品来说也是如此。如果不喜欢，如果合不来，如果不能好好相处下去，倒不如痛快了断。可是，光想想是没有任何意义的，说到底，行动才是最重要的。

能把"总有一天"和"迟早"要做的事变成现实的，只有你自己。

断舍离专栏 3

小松旧民居普及计划——重现活力的旧民居

在我所居住的石川县小松市中心街区的街道上，足足排列着1100多间旧民居，比同样以旧民居闻名的石川县金泽市里的旧民居的密度还要高。可以说，中心街区的大约四成，都是"小松旧民居"。这些民居的特征是，它们绝大多数都建于昭和[1]初期，建筑风格很统一，基本上都有70年以上的历史。不过，由于之前一直没有什么为城市美观增光添彩的意识，这些旧民居的外观装饰得和普通店面及建筑（门脸房）没什么两样。内装也是，给好不容易保存下来的土墙装上三合板，再在上面贴上塑料布，不知不觉间将原本实用又美观的旧民居改造得面目全非。"小松旧民居

---

[1] 昭和为日本裕仁天皇时代的年号。元年为1926年，1989年1月7日后改元平成。

普及计划",为的就是重现旧民居的风貌。作为一名杂物管理顾问,我也参与了这项计划,于是便拥有了独自一人整理拥有近80年历史的"小松旧民居"的体验。

这间民居的最后一代房主在7年前去世了,从那以后,一直处于无人居住的闲置状态。屋子里的物品多得惊人,把房间堆得密不透风。富有旧民居特色、独具匠心又十分实用的通风道,也被拆掉了气派的横梁,封上了三合板,变成了储物间,里面居然塞满了被褥。屋子不通风,也不透光,简直让人窒息。据说曾经住在这里的人,有一个因为患上神经性的疾病去世了。之后,他的父母就像要随他而去似的,一个因为癌症,一个因为心脏病,也相继去世了。我甚至对此感到愤怒:堆积如山的旧被褥,换来的是对身心健康的损害……

任谁都觉得晦气、不想踏入的房子。任谁在里面都待不了3分钟的房子。我一个人,在没有任何人帮助的情况下,开始动手收拾了起来。我连判断物品需不需要的步骤都省去了,分好类后,就开始反反复复地扔。东西都差不多处理完了的时候,阳光洒进来,空气流通起来,又开始有人踏进这间屋子了。旧民居独特的韵味又回来了。开始有人来帮我进行擦拭的工作，也开始有人进来参观了。那一刻，我切实地感受到，收拾就是在除厄！打扫就是在净化！同时，我也重新发觉了自己身上的那份坚韧。旧民居温故知新的重生之路渐渐影响到更多的人，这何尝不是一种具有正面意义的"可惜"运动呢？

第四章

接下来，该让身体动起来了
——断舍离的实践方式

如何增强"收拾"的动力？

在前面，我们就断舍离的机制向大家进行了介绍。其实，接下来要说的这些实践法则，某种意义上不过是锦上添花。因为说到底，断舍离的关键在于彻底精简物品，所以断舍离原本是不需要多余的技巧的。

另外，在这里，我想重点强调的一点是，**精简物品，意味着如果收拾得彻底，就根本用不着收纳与整理**。在断舍离讲座中，我甚至还半开玩笑地说过"应该先把收纳用品都扔掉"。因为如果真能做到只留下必要的物品，物品分类和收纳的技巧是派不上什么大用场的。使用收纳家具和收纳用品，为的是可以将堆积在外的物品统统塞进去。所以有了它们，就相当于告诉自己"东西再多些也没关系",允许自己去增加物品。对这一点,断舍离首先就持怀疑态度。

话虽如此,但其实扔东西也好,整理、收纳物品也罢,还是有一些知道就是赚到的技巧的。然而这些技巧归根结底还是**为了帮助你精简物品**。当你已经了解了断舍离的机制,准备开始动手实践时,它们可以给你提供一些比较容易把握的标准。不过,最关键的还是决心、勇气以及觉悟。

用"集中于一点的完美主义"提升动力

在头脑中整理思路时,最先应该建立的,是自己与物品之间的关系轴,以及"当下"这条时间轴。在接下来的实践中行之有效的方法,一是**聚焦于场所**,二是**基于时间选择场所**。今天我要把多少时间放在断舍离上面?半天?1小时?15分钟?先确定好时间,再选择想要进行断舍离的场所，按这个顺序来，既高效，又容易上手。也就是说，**哪怕从一个抽屉着手，甚至从一个装满购物小票的钱包着手也未尝不可。**

大家或许都有一种收拾房间必须拿出大段时间才行的印象。断舍离的思维方式则恰恰相反，主张基于抽出来的时间去分配要收拾的场所。所以即使很忙，也能从今天开始断舍离。但在这里要把握一个关键，那就是选择在抽出来的时间内能够收拾清爽的场所。如果时间只够收拾一半，空间仍旧乱糟糟的，剩下的等下周再说，这样既体会不到成就感，从视觉效果上，也体会不到空间变得清爽利落的满足感。这就好比将原本分了层的淤泥和清水搅在了一起，空间反而会变得更加混浊混乱。越是因为物品堆积如山而实在提不起干劲的人，越要先把一个地方彻彻底底地收拾好，哪怕这个地方再小也没关系，这样一来，动力自然而然就会有所提升。

断舍离认为，住在堆满物品的房间里，在潜意识层面，就如同沉溺在海里一般。所以，**哪怕再微不足道，也要找到与陆地相连的地方**。一下子把沉在海底的住处全都搭救上来或许很难，那从一处开始突破呢？拉开一个收拾清爽的抽屉，想必你会露出满意的微笑，并从中得到力量，觉得不管怎么说，这里的"相"是整洁利落的。如果能将这一块整洁利落的陆地作为突破口，再接再厉，就再好不过了。这便是提升动力的技巧。

根据目的，选择从何处着手

"我想通过断舍离得到什么？"基于对这个问题的思考去选择一开始从何处着手，也能提升干劲。其中的原理是通过在第一处顺利通关，让断舍离的速度越来越快。

重视健康与安全

从保证基本生存的场所着手。比如和"吃""睡""排泄"有关的场所。例如：厨房、卧室、厕所、洗澡间、洗脸台等。

希望对深层心理产生影响

从明面上看不见的地方、不想被人看到的地方、不想示于人前的地方着手。也就是那些"就算收拾利落了也不会有人知道，但自己心知肚明，并时常挂念"的地方。例如：储物间、不常打开的收纳柜以及其他一些让自己很在意的地方。

重视运气

想要提升家中的整体运势，就从玄关着手。想先提升一下自己的运势，就从卧室一类的地方着手。

选择从能够给深层心理带来影响的地方着手，能够非常明显地感受到意识的变化。比如明明只要想收拾马上就能收拾得八九不离十，但不知为何就是一直放任不管的地方。或者别人或许注意不到，但自己暗地里一直在意的地方。虽然开合一直不顺畅，但不知不觉用了很多年的抽屉，就属于这样的地方。想着"算了，先这样吧"，不知不觉就放在一边不管了。由于并不是什么大事，自己平时或许也不太会觉得不方便。但明明觉得别扭，却总想着"回头再说"而拖着不去处理，就会导致能量不断地流失。如果想要"稍微改变一下自己，让自己变得有活力一点"，就可以重点关注一下这样的地方。从这些地方着手，就能体会到一种"与平时不同的莫名的爽快感"。那种感觉，就好像是打开了逃离罪恶感的通道，又好像是终于将坏了很久却放着没管，心里又一直觉得别扭的日光灯换成了新的，当房间"啪"地亮起来时，感受到的那份舒畅。

另外，从技巧层面来说，不擅长整理和收纳的人，其实是因为不善于分类思考。这样的人，如果从不需要对物品进行分类的地方着手，比如说，**从不管怎么看都只能放**

食物的冰箱、不管怎么看都只能放鞋子的鞋柜着手，也许就不会感到有太大压力了。不过话虽如此，在本应该只放食物或者只放鞋子的地方混杂着放其他物品的人，恐怕也大有人在。正因如此，在这样的地方，以自己为主语思考"我吃／我不吃""我觉得好吃／我觉得不好吃"，进行取舍选择和分类的训练，才再合适不过。如果冰箱里只放"自己想吃，又觉得好吃"的东西，那么该把哪些拿出来扔掉，自然也就一目了然了。

将基于时间选择场所和根据目的选择场所结合起来，按照**"重视健康与安全"→"有一个小时的时间"→"不擅长分类"＝冰箱上层**的顺序推导，就能找出适合当时的情况的"断舍离实践基地"。

> 集中于一处，做到完美，打开"收拾"的突破口。

断舍离，最重要的是从舍弃做起

前文中，我已经反反复复、费尽口舌地说明了舍弃的重要性。断舍离的过程是"精简、分类、收纳"。第一步，就是做到彻底"精简"。人本来就讨厌扔东西，储备物品才是人类的本能。"防患于未然"的意识无论如何都会起作用。然而，在如今这样一个时代，物品的储备量早已远远超过必需，物品数量达到饱和，而且还存在着极度的不均衡。**在人类发展的历史长河里，如今的物品数量可以说是非比寻常**。原本，每个人所必需的物品数量是没什么显著差异的，但绝大多数人在生活中，却都像沉溺在物品的海洋里，而且自己还意识不到。不知不觉间，人们已经在"必需"与"过量"的鸿沟中，饱受其苦。

从"怎么看都与垃圾无异的物品"着手

大致决定好"从哪里开始扔"以后,接下来就该想想"从什么开始扔"了。一说"先扔什么",大家首先想到的会是自己最不想扔掉的、最难以扔掉的东西。比如说,喜欢书的人,最先想到的就是书。是留,是卖,是扔,做出取舍和选择,需要花费相当长的时间。衣服和餐具也是如此。所以,**自己在意的物品回头再说!**家里怎么看都与垃圾无异的东西,想必已经堆得像小山一样高了,不妨先从这些东西开始扔。扔这些东西时,也不用分类,最开始的标准很简单,就是先问问自己这件物品"需要还是不需要"。将这一标准执行到底,过些日子再看自己收拾过的地方时就会发现,当时犹豫要不要扔的东西,如今却觉得"貌似扔掉也未尝不可",舍弃物品变得没有那么难了。于是,就像按下了加速键一样,你可以处理更大的空间了。标准也在"需不需要"的基础上增加了"用着舒不舒服"这一条，可以从感性层面进行选择与取舍了。这便是"废物处理IQ"得到提升的状态。而且大多数人过后都会发觉，"犹豫要不要扔的东西，果然都是些不需要的东西"。犹豫就证明感性正在经受考验。如此想来，这样的滋味虽然不好受，却也是必要的过程，这样才能一步一步变成学会舍弃的自己。

垃圾分类这道难关

虽说我用了"难关"这个稍显夸张的字眼，但实际上，垃圾分类并没有那么难。相比较而言，"扔了可惜"之类的执念要棘手得多。所以，只要稍微记住一点诀窍，就能轻松越过垃圾分类这道难关。

大家都知道，在日本，各个地区对垃圾分类的规定有很大不同。爱知县碧南市把垃圾分成26种，德岛县上胜町居然分成了34种，真够烦人的。不过，一旦成功完成一次细致烦琐的垃圾分类，不少人都会觉得痛快过瘾。

虽说分类有二三十种，但家里不可能准备这么多垃圾桶。所以，分类时就需要技巧了。在本书的第139页我曾提到，锻炼选择能力时，可以试试"三分类法则"。在这里，**也可以先从将垃圾大致分成三类开始做起**。之后，由于各个地区的要求不同，可以再基于这种方式加以发挥。

垃圾的大类

首先，是清运频率最高的"一般垃圾"，然后便是"可回收垃圾"和"不可回收垃圾"。非要说的话，大型垃圾可以划到"不可回收垃圾"里面。不过，大型垃圾需要单独处理，因此另当别论。

（一般垃圾）

每周清运 2~3 次，是清运频率最高的垃圾。包括厨余垃圾以及无法当作资源回收的废纸等。基本上都是"可燃垃圾"。

（可回收垃圾）

可以回收再利用的垃圾。玻璃瓶、易拉罐、塑料瓶、印有可回收塑料标志的塑料容器及包装，还有废纸等。

（不可回收垃圾）

既不属于一般垃圾，也不属于可回收垃圾的垃圾。比如碎玻璃、喷雾罐等。基本上都是"不可燃垃圾"。

说点题外话，总有人把塑料垃圾和带有可回收塑料标志的垃圾混为一谈。其实**可回收塑料标志是通过《容器包装再生利用法》引入的，只印在容器或者包装上面**。其他塑料垃圾是归在一般垃圾里面,还是归在不可回收垃圾里面,则要看各个地区的垃圾处理能力。总之,先将这三大类分好,再想想更细致的分类是"在垃圾清运日当天早晨之前完成"还是"等垃圾清运日当天早上再做",会轻松得多。一开始就做细致的分类,对着垃圾分类表,像查字典一样,太浪费精力了。一开始的时候,先将垃圾笼统地分成三大类,你就会发现,原本烦琐的垃圾分类,做起来居然意想不到地轻松。

舍弃物品时的"抱歉"与"感谢"

因为是别人送的,所以不忍心扔掉,任谁都会有一些这样的物品。如果别人送的东西刚好合自己的心意,当然再好不过,可与之相反的情况也时有发生。想要处理掉吧,眼前又会浮现相赠之人的面容……

我们把物品换成书信想想看。自己写给别人的信,我们大概是记不得都写了哪些内容的。多年前写的信更是如此。但是，收到信的人却一直保存着那封信，有时还会拿出来重新读一读。总之，书信也好，物品也罢，**记不太清的往往都是送出的一方**。因为东西并不在自己手边。

那么，是不是对方不记得了，自己就能痛痛快快地把物品扔掉呢？好像也没有那么简单。不过，送给你这件东西的人，若是知道你"想扔掉又不忍心，并一直因此烦恼不已"，想必会很难过。他们会后悔送了你这件东西，会对因为不忍心把它扔掉而一直闷闷不乐的你感到抱歉。所以说到底，还是干脆利落地扔掉比较好。断舍离的看法是，**在扔掉这类物品时，要把自己的感情表达出来，对物品说声"对不起，谢谢你"**。跟物品说说话，也能让自己更快地整理好心情。

不仅是别人送的东西，扔掉自己很爱惜地用了很多年的物品时，也要说句"谢谢"。扔掉没能物尽其用的东西时，则要说句"对不起"。要张开嘴，说出声。

令人颇感意外的是，关于送东西、收东西，以及这些东西之后该如何处置，人们并没有一个统一的认识，也没有什么指导手册，我想，多数人都是迷迷糊糊地不知如何是好，最后只好拖着不去处理。在这种情况下，扔掉物品时，试着将对物品的谢意和歉意用具体的形式表达出来，心情也会多少轻松一点。

当我们开始深入思考赠送物品与接受物品这件事时，自然就会觉得，不能随随便便送人物品了。在某种意义上，这也是"断"的一种。

将物品转送他人时，不是"送给你"，而是"请你收下"

有的物品，你既不忍心扔掉，自己也用不着，但貌似有人能用得上。你看着这件物品，眼前朦朦胧胧地浮现出了一个人的面容，接着便脱口而出——"没错，就是他！"

断舍离并不主张不加思考地逮什么扔什么,其最终目标是让物品"在必要的时候、以必要的数量、出现在必要的地点"。所以,送给能好好使用它的朋友,或是送到二手店发挥余热,都能大大促进物品的循环利用。不过,在把物品转送给朋友时,我希望大家注意一点,那便是不要用"送给你"这种表达方式。"送给你"有种居高临下的感觉。这种表达方式,听起来就像是在说"反正我也用不上了""你不是需要嘛",显得盛气凌人。如果把表达方式换成**"这件东西在我这里没办法物尽其用,但是你一定可以好好使用它",所以"你能不能收下它呢?"**的话,想必对方也会开开心心地收下。除非是古董,或者是带有收藏价值的老物件这类特殊的东西,否则,恐怕没有人会觉得"用过的旧东西很好"。但如果听到"你应该可以好好对待它,所以能不能请你把它带回家?"这样的话,就能感受到对方是在为自己着想。转送物品的一方并不是抱着"我不需要了→送给你吧"的以自我为中心的想法,而是以对方为中心。另外，把物品转送给别人时，一定要再加上这么一句话："等你不需要它了，别有顾虑，扔掉或者把它送人都可以"，尽量避免给对方增加负担。

另外，与垃圾和废品别无二致的东西、寄托着自己的情感的东西，我们应该也不会有想要送人的念头。因为即使你告诉对方"这是我父母的遗物"，倘若对方和你的父母没有交集，恐怕不会想要。我想，这是最基本的礼仪。

断舍离的高手，很擅长物品的循环利用。况且，只要能够彻底践行断舍离，让人犹豫这到底是垃圾呢，还是可以回收再利用的物品也会变得越来越少。而且这样一来，如果因为有了"新欢"，想把以前的东西转赠于人，由于以前的东西原本也是自己精挑细选的，是不折不扣的好东西，对方高高兴兴地收下使用的可能性也会比较大。况且，这个世界上也有物资不够充足的地方。促进物品回收再利用的系统变得更加先进，让物品循环流动到需要它的地方去，也是断舍离的目标之一。

■选择场所和着手收拾的过程

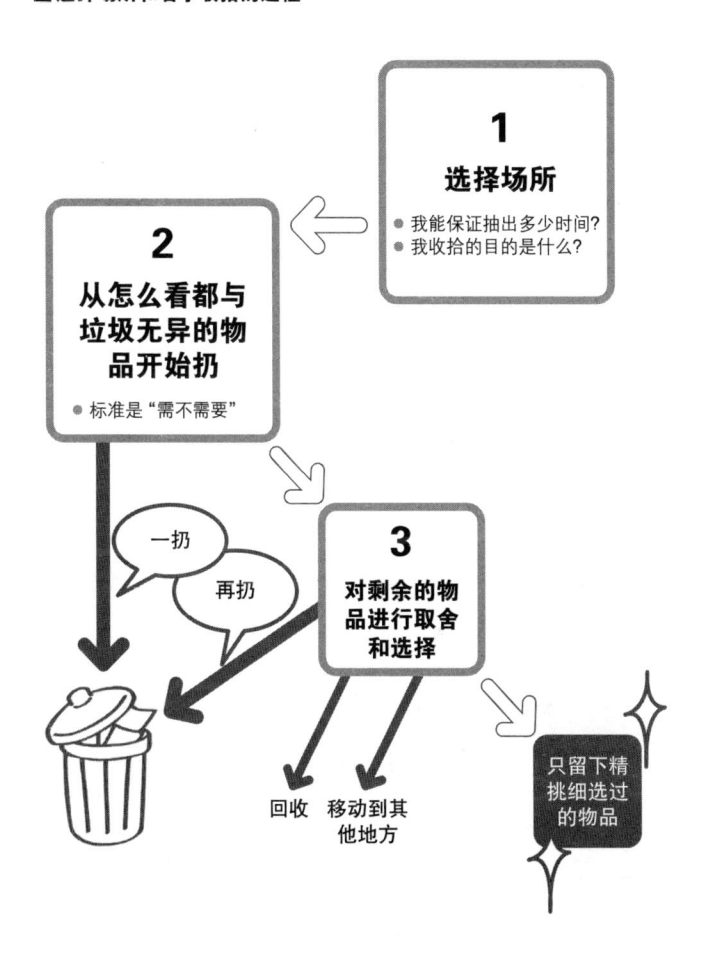

1 选择场所
- 我能保证抽出多少时间?
- 我收拾的目的是什么?

2 从怎么看都与垃圾无异的物品开始扔
- 标准是"需不需要"

一扔
再扔

3 对剩余的物品进行取舍和选择

回收　移动到其他地方

只留下精挑细选过的物品

按大中小的顺序,将"三分类法则"落实到整理收纳上

接下来,我们即将进入整理、收纳的环节。在这一环节中,重要的依旧是"三分类法则"。只要连续使用三分类法则,物品自然而然能被整理得井井有条。

使用三分类法则之前,首先要做的,是用俯瞰的视角审视物品。什么叫用俯瞰的视角审视物品呢?打个比方,我去酒店吃自助餐时,要先转一圈,大致看看都有哪些菜品。于是我就能知道,大体上有"前菜""主菜"和"甜点",等等。这样一来,我便不会一上来就端着盘子,从离我最近的菜品开始大取特取,而是根据自己的饭量、盘子的大小,仔细斟酌从三大类菜品里选哪些来吃。放在整

理、收纳上，比起一上来就从手边开始整理，按照"俯瞰→分三类"的过程进行整理会更加高效。

我们以厨房为例来解释一下。环视整体，从大分类来说，里面的物品可以分为**"食材""厨具""餐具"**三类。厨房是做饭的地方，除了这些，应该没有其他东西了。物品应该按照用途出现在它应该出现的地方。如果你以为自己已经分好类了，可打开收纳柜却发现，放厨具的地方居然混着调味料，这种情况就说明，或许你还没有理清思路。原则是在大分类上不能混淆。我见过有的人家里的餐具柜，在餐具中间还混杂着已经风干的食物，希望大家一定要避免此类情况的发生。

接下来是对"食材"进行中分类。关于这一点，各家各户的情况大不一样。我家的情况，是将包括调味料在内的所有食材都放在冰箱里进行统一管理。不仅仅是生鲜食品，而是所有食材都保存在冰箱里。冰箱是上、中、下三层的，最上层是一般的冷藏食品，干菜和调味料也在这一层。中间是蔬菜层，大致分为叶菜类和根菜类。最下层是冷冻室。我家基本上没什么冷冻食品，之前，里面只有两支冰激凌，现在吃掉了，所以冷冻室空空如也。

下面就要进入对"厨具"的中分类了。大致分为**"水槽周边厨具""炉灶周边厨具"和"电器"三类**。"水槽周边厨具"大致包括盆碗、篮子、菜刀、案板等。"炉灶周边厨具"则包括平底锅、圆锅、锅铲、锅勺等。"电器"主要包括料理机、电子秤、食品搅拌器等厨房小型家电。具体如何分类可以自行决定。而且，思考符合自己的生活方式的分类方法，也是在给头脑做体操。比如想一想研钵应该归为哪一类。因为大部分情况下都是在备菜的时候使用，所以可以归到"水槽周边厨具"里面吧。锅盖多在动炉灶时使用，所以该归到"炉灶周边厨具"里面。诸如此类，自行决定分类的规则。

为什么说分三类刚刚好？

我们用上面的方式，给物品分了类。总而言之，与垃圾分类一样，关键在于**分类时不要从细处入手**。以抽屉多、分区多为特色的收纳家具，大多都是让人一上来就从细致的分类着手，因此容易导致混乱。分为三类的话，我们在分类时，便不会晕头转向了。只分两类有点不够用，分成四类甚至更多，又会记不清楚，产生混乱，到头来都会把自己搞得焦头烂额。先整体上分成三大类，进而再将每一类又分成三类，以此类推，从粗到细，你就会发现，分类居然顺利得不可思议。用地址来举例子，就很好理解了。如果别人一上来就告诉你自己的地址是"麻布[1]多少号"，恐怕你会摸不着头脑。不按日本——东京——港区的顺序渐渐缩小范围，就会把地址弄混。

---

1 麻布，地区名，位于日本东京都港区西部。

开会时也是如此。作为会议主持人，一定要有"从粗到细"的概念。如果任由大家各自说各自的议题，被牵着鼻子走，恐怕这个会永远都开不完。一定要时刻记得把议题拉回会议主题上来，否则就会是一盘散沙。这样说来，收纳时的分类，还能磨炼工作中的必备技能。整理和收纳，也是一种效率提升训练。

> 连续使用"三分类法则"，可以避免整理物品时的混乱无序。

■ 在厨房应用"三分类法则"的示例

大分类	中分类	小分类		
餐具	盘子类	大号盘子	小号盘子	其他
	碗类	瓷器	漆器	其他
	杯子类	玻璃杯	日式杯	西式杯
厨具	电器	加热用	备菜用	其他
	水槽周边厨具	盆碗	篮子	刀具
	炉灶周边厨具	圆锅	平底锅	相关工具
食材	冷冻室	已经过烹饪	未经过烹饪	冰激凌
	蔬菜层	根菜	叶菜	香辛料
	冷藏室	饮品	食品	调味料

"七五一法则"，帮你打造宽松空间

最近，越来越多的住宅里，都设置了充裕的收纳空间。收纳空间也分很多种，其中，壁橱、衣柜、抽屉等处的**"看不见的收纳空间"**占了一多半。这类收纳空间，妙就妙在"看不见内部的状况"。因为看不见，所以里面即使塞得乱七八糟，外人也不知道，自己平时也能眼不见为净。于是有些人就把这些地方塞到100%，甚至是120%的程度。可这样一来，这类空间就算想打开也打不开了，即便好不容易打开了，下一秒也会发生"雪崩"。

断舍离认为，**在"看不见的收纳空间"里，物品最多占收纳空间的七成**。为什么要留出三成的空间呢？因为这能促使人产生把空间整理清爽的心理。留出的三成空间，就是物品的通道。这也是环境影响论的一种。物品有了通道，我们自然就想动手整理了。

打个比方，我们可以把抽屉看成一个四周有围墙的停车场。虽说车位充足，可若停车场里密密麻麻地停满了车，想把车开出来，就不得不让其他的车一一挪开。所以，若想让车辆顺畅出入，自然要保证留出行车通道。然而，收纳术的思维却是，如果你有9辆车，你就需要增设一个停得下9辆车的停车场，这显然既费钱又费精力，还费时间。

断舍离的着手点，则是重新审视在当前的生活方式下，自己到底需不需要9辆车。这样一来你就会发现，如果是在大城市生活，那么只要一辆车就够了，就算在小城市生活，有两辆也足够了，无须超过3辆。在收纳术里，基本上都是用加法解决问题。收纳术要做的，是不断将一增再增的物品打包收起来。随着物品越来越多，需要增设的收纳用品也就越来越多，形成一种循环上升的态势。在断舍离看来，**花费时间和精力，将原本就不需要的物品收纳起来，是无法从根本上解决问题的**。

接下来，就是餐具柜、矮柜等处的**"看得见的收纳空间"**了。要想保证美观，这些地方放置的物品最多占收纳空间的五成。只占五成，实在是不多。可如果一眼望去密密麻麻的，就绝谈不上美观。特价商品专卖店里，东西都摆得挤挤挨挨、密密麻麻的。反观高级精品店，货架上只会宽宽松松地摆着几件商品，所以才显得既美观又有品位。同样的古驰[1]包，摆在特价商品专卖店和摆在高级精品店里，给人的印象截然不同。

虽然同样属于"看得见的收纳空间"，但像书架、CD架这种涉及信息处理的地方，需要放置的物品数量会在很大程度上受到职业和兴趣的影响，所以不一定要遵循刚刚所说的限制。不过，如果真能将物品精简到只留下必要量

---

1 古驰（Gucci），全球奢侈品牌之一。

的程度，我想到最后，五成左右的空间是可以放得下的。

再接下来，就是装饰性的、带有展示性质的"**展示性收纳空间**"了。到了这类空间，物品就只能占收纳空间的一成了。换句话说，就是把物品数量控制在最小限度。就拿去美术展看画来说吧，那些被醒目地印在展会宣传单上的代表性名画，往往都是单独挂在一个开阔的空间里。其余那些不是主角的画作，则会并排挂在另外的墙上，营造出主次分明的展出效果。这种方法同样能够应用于居住空间。只要施展这种空间魔法，即便只是日常生活中的杂物，也能成功变身成漂亮的装饰品，散发出的气场也会有所不同。再名贵的画作，成片地挂在墙上，气场也会变得杂乱。可如果物品数量减少了，即便放在再窄小的旧房子里，也能自然而然地散发出高级感。

控制物品数量，**"扫、擦、刷"的工作也会变得轻松。**岂止是轻松，简直就是愉快！就连在厨房洗碗时都会觉得开心。因为不仅需要清洗的餐具变少了，而且洗的都是自己喜欢的餐具，多开心啊。越是不擅长"打扫""清洗"这类家务的人，在彻底地精简物品后，轻松愉快的感觉就越强烈。不仅如此，还能体会到"刷"的乐趣。把水槽和地板都刷得光可鉴人，实在让人神清气爽。靠自己的力量让周围变得闪闪发光，这份快乐会一点一点地直抵内心。

与"总量限制法则"相伴相随的"更新换代法则"

生活在物品洪流中的我们，一开始听到"总量限制法则"时，或许会觉得："什么，物品只能占收纳空间的七成、五成和一成?!"可精简物品后，想法就会发生转变，变成**"只持有占收纳空间七成、五成、一成的物品就足够了"**。在限制总量的前提下选择自己喜欢的物品，也会渐渐变成一件让自己觉得开心的事情。就拿"看得见的收纳空间"来说，如果原本有十件物品，我们就需要选出留下哪五件。这时，若能抱着"来选出我最中意的前五名吧"

的心态，心情也会雀跃起来。

坚持将"七五一法则"贯彻到底，就能切实地感受到，自己的品位自然而然地得到了提升。因为留下的都是自己精挑细选出的物品，出现这样的变化倒也不足为奇。不过，这都是建立在"**总量限制法则**"的基础上的。假设根据总量限制法则，只能拥有五件自己喜欢的物品，那么我们首先要做的就是"断"，只添置自己真正喜欢的物品。有了"新欢"，就对原来的物品进行"末位淘汰"，如此循环。若能不断重复这样的循环，留下的自然都是"名列前茅"的物品。这也就意味着，自身的层次和水平也会越来越高。如此一来，重点便不会模糊，渐渐地就能拥有"**常与最爱的五件物品相伴，做最好的自己**"的状态。

> 遵循总量限制原则，精益求精地筛选出自己喜欢的物品，自然能让自己更上一层楼。

一步取用法则＆自立、自由、自在法则

精简完物品，按大中小的顺序分了类，也记住了总量限制法则，下一个阶段，就要看看放在哪里，怎样放置，才能让物品易取好收。

在这里我希望大家意识到一点，就是尽可能选择不会让自己有压力的收纳方式。因为哪怕一丁点的压力，都会让人觉得"真烦人"，从而懒得将物品取出来或放回去。

另外，外观也很重要。比如在叠放布类用品时，将叠得利落平整的一面朝外放置。其实也用不着特别注意，我想，绝大多数人不知不觉间都是这么做的，因为这样会显得方便取用。在收纳的阶段，就是要有意识地将这些事一件一件做好，并让这种意识渗透到房间的各个角落，才能打造出自在的空间。

一步取用法则

取用和收纳物品时，大家都想尽可能地做到干脆利落。可是，如果要先打开收纳柜的门，再取出里面的整理箱，接着还要打开箱盖，仅仅是这三个动作，就足以让人产生"真烦人"的想法了。整理归位也是件麻烦事，于是便干脆往旁边的桌面地面等水平面上随手一放了事。这就意味着，动作要一步到位。**物品的取用和归位，最多只需要打开柜门、取出物品这两个动作**。如果能做到这点，会轻松自在得多。想办法省去多余动作，便不会产生不必要的压力，"麻烦"也就不会再成为借口。而且，一旦开始在这件事情上花心思、想办法，还会觉得趣味无穷。

就说我吧，我基本上都会把容器盖拿掉，如果是独立包装的物品，就更不需要盖子了。像喝咖啡时用的奶精，我会将袋口往外折一下，就这么敞着口直接放到冰箱里。这样一来，打开冰箱，立刻就能顺畅地取用。

像这种带包装袋的物品，经常有人会给袋子套上橡皮筋保存。可套上橡皮筋和解开橡皮筋都要花点工夫，况且我也一直怀疑，这些东西有必要密封保存吗？真有需要密封保存的东西时，我不会使用橡皮筋，而是会用夹力强的夹子夹住袋子。这样一来，只需一个动作就能开合。

自立、自由、自在法则

总的来说，在收纳时，要时刻保有让物品"立起来"的意识，也就是说**要让物品"自立"**。就连毛巾，也要让它"站起来"。我家厨房里的毛巾是放在一个四方托盘里，而且我给自己规定，最多只能放10条。统一放在托盘里，可以限制总量。卷起来立式摆放，能保持形状不易弄乱。如果放在抽屉里，一是看不见抽屉底部的情况，二是取用内侧的物品时还花费时间。如果能做到想用时，马上就能顺畅地取用，会十分轻松省力。

本节所说的"自由"，指的是选择的自由，也就是物品摆放形式是否方便选用。便利店的瓶装饮品，都是同一种类摆一竖列，这样一来，有多少种饮品，每种饮品有多少，一目了然。将这一原则应用到家中的餐具柜里，也同样有效。试着将圆形杯子、方形杯子、陶瓷杯子按种类纵向摆放吧。我们常常能见到有的人家里，各种杯子都混放在一起，结果因为里面的杯子不好拿，来来回回都只用放在外侧的杯子。

那么，"立不起来"的东西怎么办呢？可以**把它们团起来，"自在"地放**。所谓自在，就是"随心所欲"。有一种叠内裤的方式，可以把内裤团起来，不让它散开。在我家，内裤就是这样团起来随手扔进篮子里的。T恤也卷起来收纳。因为T恤卷起来后是筒状的，所以也可以立式收纳。重要的是想办法尽量别让它们散开。

我想表达的究竟是什么呢？前文中我们已经提到过，断舍离借用了"相"的概念。可以说，自立、自由、自在也能"具象化"。让毛巾立起来，把内裤团起来，不知不觉中，也是在向自己灌输一种自立、自由、自在的意识。毛巾也好，内裤也罢，一旦卷起来，团起来，就会变成和以前不同的形状，而且还不会变形，不会散开，这实在是一件让人感到畅快的事情。因为这样会让我们觉得自己能够随心所欲地掌控物品。**这份渗透到潜意识中的畅快，最终也会促使我们自己变得自立、自由、自在**。在卷起毛巾、团起内裤的过程中，自己也逐渐成为一个自立洒脱的女子。想想看，还真有点开心呢！

"需要时再说主义"也不错

在前面的部分,我们主要谈了有关收拾、整理和收纳的问题。下面我想说说"断"。我不止一次地提到过,物品堆积得越多,"舍"的工作做起来就越辛苦。不过,一旦闯过这道辛苦关,接下来就能顺利进入"断"的阶段了。为什么这么说呢?因为经历过"舍",就会产生"既然处置物品这么辛苦,那我添置物品时一定要更加慎重"的想法。即使是无法彻底做到"舍"的人,也会变得十分慎重。了解了断舍离的机制,看待物品的方式也会发生改变。我认为,这是一件好事。

先是客观地审视自己,又在烦恼和犹豫中完成了对物品的舍弃,经历了这些后,才能好不容易达到上面所说的境界。因为担心不够用而忍不住囤购物品，因为舍不得放手而把东西都堆在家里，原本就是人之本性。所以，如果不去特别注意这点，我们是很难改变的。断舍离，就是让人不再无意识地、凭本能地去和物品打交道。

这种意识有时也会体现在企业层面。比如京瓷[1]和丰田[2]，明明是那么大的公司，却不会大宗采购，而是采用"需要时再买"的方式。按照它们的思维模式，不良库存就等于负债。所以每次都是**等必要时，再采购当次所需要的物品**。个人这样做也就罢了，公司规模在世界范围内都屈指可数的大厂家能够贯彻这种做法，实在是了不起。或许也正因如此，它们才能稳居行业领先地位。

---

1 京瓷株式会社，业务涉及信息通信、汽车相关、环境能源、医疗保健等各个方面。
2 日本丰田汽车公司。

前些年发生过赤福饼[1]伪造生产日期的事情。虽然厂家出来道了歉，表示"对伪造冷冻食品的生产日期进行销售的行为感到非常抱歉"，但当时我的感想是，之所以出现这样的问题，是因为他们不敢告诉顾客"已经卖完了"。按照厂家的说法，在工厂的生产能力范围内，每天都在全力生产。有时赶上顾客多，就会供不应求，引起顾客的不满，有时又会卖不完。为了让两种情况相互抵消，才研究出了这套生产、冷冻的系统。但是从断舍离的角度考虑，就会觉得"干吗要过量生产呢？"，直接告诉顾客"卖完了"不就得了？然而，大多数人是**不愿意接受东西不够这个事实的**。因此，这件事也并不完全是厂家的错，顾客方"怎么能不够卖呢？太不像话了"的想法，也是导致厂家

---

[1] 赤福饼为日本三重县的著名特产。2007年，位于三重县伊势市，拥有300年历史的日式传统糕点制造商，以生产赤福饼为主的赤福株式会社被曝出存在伪造生产日期等问题。公司规定一旦出厂的产品，即使销售不完，也绝对不能再送回公司冷冻保存后继续销售。但是，公司为了节省成本，对生产出来并完成最终包装的产品，除当天销售的一部分外，其余的不打保质期冷冻起来，日后再解冻，以解冻的日期为生产日期再进行销售。

不得已出此下策的原因。最终形成了害怕供不应求所以大量生产，因为余货过多又建立起冷冻系统，为了回收成本又要接着大量生产的恶性循环。所以我认为，这个问题不仅仅是停留在"很抱歉出售冷冻食品"层面的问题，而且消费者也是导致问题发生的一方。**不管个人还是企业，都应该建立起接受不足、"知道足够"的思维模式，这样的时代已经到来了。**

> 凭本能和物品打交道，物品数量只会一味增加。关键是"需要时再说"。

断舍离专栏 4

断舍离比较级

截至目前[1],我总共举办过500多次断舍离讲座。主要在我所居住的石川县,以及东海[2]、北陆[3]地区举办,在东京、大阪和其他一些地方城市也举办过。到目前为止,参加者大约有2000人左右。不过,我并没有统计过确切的数字。不知不觉间,断舍离的影响范围越来越大,如今,我都已经可以出书了。8年前,我开始践行断舍离。大约4年前,我不再给丈夫的工作打下手,开始正式举办断舍离讲座。促使我下决心这样做的契机,是一名学员。之前我也讲述过断舍离的由来、机制,以及我自己践行断舍离以来发生的变化。那名学员对断舍离的理解比我更深刻,

---

1 本书日文版第一版出版年份为2009年。
2 日本的东海地区,主要包括静冈县、爱知县、三重县及岐阜县南部等地。
3 日本的北陆地区,主要包括新潟县、富山县、石川县、福井县等地。

并付诸了行动,生活也很快便发生了变化。这也让我自己对断舍离这种方法有了更大的自信,讲座也变得更加有趣起来。而且最近,热情高涨的学员越来越多了。根据我的实际感受,一半左右的学员,都已经达到了本书第24页中所说的中级阶段,这实在是一件很了不起的事情。之所以能够收获这样的成效,还有一个很重要的原因,就是学员们在各自的博客里,写下了自己在践行断舍离的过程中,体会到的效果以及实际感受,有时还会附上照片。断舍离的影响圈就这样以更快的速度变得越来越大。而介绍了断舍离的机制,以及践行断舍离体验的我的博客,点击量也有所增加。于是就出现了这样一群人,他们没参加过断舍离讲座,但通过大家的评论和博客了解了断舍离,并且开始践行断舍离。因此,我在第99页中向大家介绍过的断舍离宣导师川畑伸子女士,便将热衷于断舍离的人幽默地称为"断舍离爱好者""断舍离践行者"和"断舍离专家"。"断舍离践行者"是来参加过讲座,深入学习过断舍离的人。"断舍离爱好者"是受到"断舍离践行者"的感化,自行践行断舍离的人。而"断舍离专家",就是山下英子我本人了。"断舍离"这个词,居然能让她有如此丰富的联想!

我总觉得,是学员们,还有"断舍离"这个词本身的魅力,使得断舍离能够茁壮成长。

第五章

畅快与解脱，还有愉悦
——在看不见的世界中加速发生的变化

断舍离

"自动运行法则"——建立自动整理机制

在本书第60页中,我将杂乱无章、没有收拾的房间比喻成得了"便秘",处于一种一直进食,却无法排泄的状态,这种状态最终还会导致感觉钝化。或者说,也可能是由于某些原因,身体的感应器失效了,才导致了便秘。有时也搞不清楚究竟"是鸡生蛋,还是蛋生鸡"。虽说我们无法靠自身的力量立即解决严重的便秘问题,但借助断舍离,靠自身的力量有意识地去改变居住环境,我们还是做得到的。将堆积在房间里,让房间处于便秘状态的无用之物慢慢从家中清除出去。据学员们的反馈,这样做能有意想不到的效果。比如睡眠质量不可思议地好了起来,也不再觉得心浮气躁，能够游刃有余地处理事情了，等等等等（当然，这其中也是存在个体差异的）。

关于自动整理机制

我们的身体具备以自律神经为首的一套机能，无须意识控制，就能自动调节维持生命所必需的呼吸、代谢、消化、循环，将身体调整到舒适的状态。这种机能被称为"内稳态机制"（恒常性。即使外部条件发生变化，生物的身体状态和机能也能保持稳定的机制）。也就是一种"自动运行"的状态。

这种机制与心理也有着密切的关系。看到电视上播放的令人难过的新闻时，想起过去的辛酸往事时，看到打动人心的电视剧或小说时，人们会感同身受般地心跳加速、流下泪水、喘不过气。这种伴随心理状态变化所发生的身体变化，也是由这种机制造成的。尽管在意识层面，我们清楚那些事情现在并未发生在自己身上，但在断舍离看来，可以说，这种自动化的机制在起作用时，始终认为那些事情"现在"正发生在"自己"身上。平时，由于这样的情况太过稀松平常，我们并没放在心上，但**正是因为身体深处具备这样的机制，我们才得以生存**。而且，我们在无意识中就将自己的生命托付给了这种机制，这也体现出了**人类对这种机制的绝对信赖**。

断舍离与自动运行

断舍离将身体的这种自动化机制看作"相"。准确利落地断舍离，打造出舒适惬意的环境后，我们就能变成一个完全能够让自己信赖的自己。因为在重新审视"自己"与物品之间的关系、精简物品的过程中，自我轴清晰地显现出来，自己变得焕然一新，"需要、合适、舒服"取代了"不需要、不合适、不舒服"，只留下了对"现在"的自己来说必要的物品。这也是断舍离为什么将身体的自动化机制等同为"相"。

进入这个阶段，**房间不会再是一幅乱七八糟的景象，保持住处的整洁清爽与生活的舒适惬意将会变成一件自然而然、自动进行的事情**。而且，不知不觉间，自己也慢慢地不再被不安所裹挟，会成为一个能在必要的时候获得必要的物品的自己。相对而言，能够处于一种坚定乐观的状态之中。这种意识上的转变是巨大的。有时，这种意识上的转变最终还能起到让身体的感应器恢复正常的效果。虽说这种种的实际体验与内稳态机制之间的因果关系无法用科学证明，但无论是来参加断舍离讲座的学员，还是我自己，都真真切切地感受到了。

无用之物堆积如山，就好比给自动运行机制加上了封口，会妨碍其正常运转。所以我们要自己动手，将这些无用之物一件一件地清除出去。先客观地审视房间的状态（诊断），然后再动手收拾（治疗—治愈）。这样一来，每个人都拥有的自动运行机制便会被唤醒。

　　我的絮叨就先到这里。大家首先要做的只有一件事，那就是付诸实践！在这一章，我将为大家介绍，步入断舍离的轨道后，在"看不见的世界"乃至"更加深邃的看不见的世界"中发生的深刻且不可思议的变化，以及领悟。

> **断舍离是一种训练，能让我们变得信任自己，最终告别"不会收拾的自己"。**

借助物品提升自我印象

有的人担心"也许会不够用",从而抱着促销时买的卫生纸不放。有的人觉得"这东西买到手可不容易",从而抱着价值百万日元的物品不放。同样是抱着不放,其中所体现出的自我印象却截然不同。因为价值百万日元的物品的确很难入手。但即便如此,如果承认那件东西对现在的自己来说已经没用了,从而放手,自我印象就能再更上一层楼。**不管物品多昂贵,多稀有,都能坚持以自己是否需要为判断标准的人,才叫强大**。放下执念,就会更有自信。的确,一开始的时候,决心与勇气必不可少。但即使需要很大的决心与勇气也能放下,**就能换来一种"车到山前必有路"的对未来很乐观的心态**。也可以把这种方式理解成是一种自我探索。最初的入口,可以是塞满了购物小票和积分卡的钱包,也可以是挤满了赠品笔的笔筒。

案例 11　下决心将十几万日元买的电视机断舍离掉了！

随着断舍离渐入佳境，香织女士意识到，"我是不是只是从可有可无的物品中选出了稍好一点的呢"。立足于自我轴与"当下"这条时间轴重新审视周围的物品后，她发现房间里净是些没用的东西，甚至连收看的电视节目都是如此。几乎没什么节目是她自己主动想看的，每次都是无所谓地打开电视机，随随便便地看着还算有趣的节目。意识到这一点后，她开始觉得："既然如此，何不把电视机也处理掉呢？"于是便果断地将昂贵的大屏液晶电视断舍离掉，当作礼物送给了朋友。处理掉之后，她才发现，电视机一直占据着房间中的"头等座"。如今，原来放电视的地方，成了她休闲放松的专属位置。

通过留下来的物品看清自我

断舍离，既是一种**对生活的养护**，也是一种**探索自我的工具。可以说，就好像一种不用去深山老林也能进行的修行**。不断扔掉没用的物品，并坚持下去，头脑和心情都会变得清爽起来。与此同时，环境的气场也得到了整理。内心和环境都清爽舒畅了，"场的净化"才算是大功告成。令人感到不可思议的是，如此一来，还能渐渐看清自己的形象。

随着断舍离的不断推进，留下来的物品可以分为两种。一种是一开始就认为很重要的物品，还有一种是不知不觉间留下来的物品。这些不知不觉间留下来的物品，向我们传递出了意味深长的信息。

一位来参加断舍离讲座的学员说，对衣服进行断舍离时，她发现，不知不觉间，留下来的几乎都是些蓝色的衣服。在色彩心理学中，蓝色有"男性特质"的含义。或许是因为，当时她工作很忙，正在奋力开拓新领域，于是自然而然想要拥有一种阳刚的力量。并不是自己去决定自己的形象，而是通过排除法，让自己当时的形象渐渐浮现出来。

案例12　纸箱是没有结果的恋情的写照

洋子是一名30多岁的单身女性。她原本就很擅长收拾整理，断舍离讲座，给她本就熊熊燃烧的"收拾之魂"又添了一把柴。她彻底地精简了物品，家里已经被她收拾得干净到有些没有情趣可言了。不过，她最后还是留下了一箱书。是要，还是不要？是扔，还是不扔？她一直在问自己。半年多的时间里，那个箱子都被放在壁橱的角落，最终被她忘到了脑后。又一次参加了断舍离讲座后，她突然想起了那个箱子，把它从壁橱里拖出来一看，里面的书居然都是些言情小说，讲的还净是些没能修成正果的爱情故事。爱学习的她，明明连喜欢读的社会科学类书籍，都干脆利落地扔掉了好多，为什么会留下这么一大堆通俗读物呢？她突然明白过来，这些书，是她过去的恋爱经历的写照。她总是和那些绝对无法修成正果的对象交往。自己的潜意识中，似乎不知不觉间住进了一个拒绝步入婚姻的自己。于是，她二话不说将整整一箱子书痛快地断舍离掉，转动方向盘，向一个不再拒绝结婚的自己迈进。物品，会映射出未知的自己。

大胆使用高于自我定位的物品

想必每个人都有过"收拾好物品后,心情也莫名跟着轻松了起来"的体会,不过,断舍离的目标,是达到更高级的"大师级别",通过使用精挑细选过的自己钟爱的物品,最终挖掘出全新的自己。也就是说,不仅仅是使用物品,而是更进一步,将物品的力量发挥到最大限度。

在本书的第12页我说过,把别人还礼时送的、舍不得用的梅森瓷器拿出来用吧。发觉自己有认为自己"不配用这么高级的东西"的这种自我贬低的情况后,有意识地允许自己使用高品质的物品,是一个运用加分法的过程。我在这里之所以用日常使用的杯子举例,是有原因的。因为**每天都要使用的物品更容易作用于潜意识**。接下来,我们不说瓷器了,换个风格,以巴卡拉[1]的水晶杯为例来做进一步的说明。

---

1 法国水晶家具饰品、水晶首饰品牌。

把自己平时用的不容易坏的，或者即使坏了自己也不心疼的普通玻璃杯换成巴卡拉的水晶杯试试看。刚开始用的时候，想必会觉得十分别扭，产生诸如"这看着也太娇贵了""平时用这个也太浪费了""好重啊"之类的想法。这便是潜意识里觉得使用巴卡拉水晶杯要高于自我定位的表现。但人是会习惯成自然的。断舍离认为，**等到渐渐习惯，不再对平时使用这些高级物品感到抵触时，就意味着你潜意识里的自我定位也获得了提升**。这也符合"相"的思维模式。这种方式，能够把我们加速带入新世界。

在断舍离中，有一些瞬间，能迫使人客观地认识到自己在给自己使用什么样的物品，甚至客观到有些令人讨厌。

这个过程，**就好比是拿到了能让我们明白自己现在处在什么位置的地图**。明白了自己现在的位置，接下来就会思考，自己想要变成什么样子。开始思考这一问题时，就会开始使用符合自己期待中的形象的物品了。在这里，用

"想要变成配得上巴卡拉水晶杯的女人"来解释会更容易理解。当然了,自己期待中的形象究竟是什么样的,还是要根据自身的情况,问问自己。这是一项十分有趣的工作。因为这是一个先去想象,再将想象慢慢落实到现实中的过程。

刚开始的时候,可能会因为不习惯,打碎一两次杯子。我们总是说,好东西就是娇贵,但实际并不一定是这样。我认为,因此产生"用坏了吧,所以我还是不要用更好"的想法,贬低自己,过于在意,才是问题所在。若是自己用得很小心,但杯子还是碰巧坏了,也是没办法的事情。慢慢就会习惯了,没关系。

其实,从杯子这种接触口腔的物品开始用起,是很关键的。中医里有"补气"的概念。食物、饮料,恰恰就是给人体补充能量的东西。因此,盛放食物的容器也非常重要,甚至和食物有着同等重要的意义。每天都要直接接触口腔的容器更是如此。为了成为想要成为的自己,先从日常使用的容器入手，开始一场意识变革吧。

断舍离并不是提倡清简生活

因为一直强调精简物品，所以有时也会被人误会，但断舍离并不是在提倡一度流行过的"节约"和"清简"。虽然从结果上看，生活可能会变得简单和节约，但这些本身并不是断舍离的目的。

不管是食物还是时尚，都要买应季的东西。就像我之前反复说过的，在断舍离中，"当下"是一个非常重要的概念。食物也好，时尚也罢，当季，都意味着它当下的能量很强。放了很久的食物恐怕不会有什么能量了吧。这不是从营养成分的概念上来说的，而是从"气"的概念上来说的。我想，时尚也是同样的道理。虽说没必要追求最先锋的潮流，但穿上时髦的衣服，自然就会萌生"浑身都萦绕着丰富的能量"的好心情。想必每个人都有过这种感受。穿上当季流行的衣服，会感到非常幸福。我的话，会将三套衣服搭配着穿一季，最多穿两季。季节不同，心情也会大不一样。能意识到什么是当季，是一件很快乐的事情。

> **物品是自身的投影。**
> **既然如此，自然是最棒最新鲜的东西才最好。**

还会发生更多"看不见的变化"

举办断舍离讲座时,我总是在想,因为对断舍离感兴趣而来参加讲座的各位,无论他们自己有没有意识到,都**正在迎来改变**。他们中有些人,恰好自己也"想要改变",有些人则是一方面"想要改变",一方面又害怕改变。正在阅读这本书的大家,恐怕也面临着同样的状况。

举例来说,当我们告别十分开心的初中生活,准备升入高中时,对即将进入的与之前完全不同的全新世界,多少会有些畏惧。可无论如何,我们都不得不从初中毕业。经常会有人处于这种"毕业假期"的状态——已无归途,又害怕前路。倘若这种"毕业假期"的状态只是一时的倒也还好,可也有不少人,任由这种状态持续了很久很久。

而推动人去迎接变化的，就是断舍离。

从自力到他力的加速变化

市面上出版的很多书，都将"扫除"与"运气"联系在了一起。我认为这的确有道理，而且从我们平时的实际经验来看，也有不少将屋子打扫干净，内心和人际关系就好像也一并得到了整理的体会。可为什么会这样呢？其中的机制还不是很明确，或者说还没有被整理清楚。

首先，在"断"与"舍"这一肯定自我、恢复自信的过程中，观念会发生变化。其中最容易理解的，就是我们会发现，我们一直以来所认为的自己的观念，其实是父母的观念，或者是套用的身边人的观念。于是我们可以通过物品，逐渐确认自己原本的价值观，以及看待事物的方式。在这一过程中，慢慢向下一层次进阶。进入更高的层次后，你不仅会相信自己，还会相信世界，相信自己会在必要的时候，获得必要数量的必要物品，从而**达到从自力世界走向他力世界的境界提升**。我在本书的第128页介绍"相"的世界与意识的世界时说得很详细，伴随着收拾没用的物品这一行为，潜意识中淤塞的东西也会被渐渐清除，最后深入被称为"集体潜意识"的境界，从而有所领悟。只占4%~15%的"现象世界"（看得见的世界）与看不见的世界是相似相通的，让"看得见的世界"动起来，也会给"看不见的世界"乃至"更加深邃的看不见的世界"带来影响。

说说"碍事"这个词——阴性直觉与阳性直觉

当房间里到处都是没用的物品时，也就是说，当潜意识处于被堵塞的状态时，不起眼的压力也会散落在房间的各个角落。

令人意想不到的是，压力的源头往往都是些微不足道的事情。比如,想要打开橱柜的门时,被积攒的一大堆塑料瓶碍了事。想要取出想用的书时,又被放在外侧的书碍了事。净是这些不值一提的小事。可是,小事积少成多,就会让自己变得心烦意乱。最好能够养成这种意识:哪怕只有一瞬间觉得眼前的东西碍事,也要当场把它们"逐个击破"。

"碍事"这个词,从字形来看有些可怕[1],但意外地很常用。想来,直觉也分为两种,即阴性直觉和阳性直觉。阴性直觉可以用一句话概括为"觉得别扭"。明明觉得"这个门不好开",感觉到了别扭,转念一想又觉得"算了,反正也能打开"。明明觉得"哎,那个人怎么有点怪怪的?",感觉到了别扭,转念一想又觉得"不过倒是个好人"。用这种思维模式"得过且过"。实际上,倒也没有必要非要去消除这种"别扭"的感觉。只要能够意识到是什么原因

---

1 在日语中,"碍事"一词的汉字写作"邪魔"。

引起了当时的直觉，导致自己觉得别扭，并提起注意，卸下包袱，是不是就不会产生多余的压力了呢？**从物品层面消除"唉，真碍事"的别扭感，这种思维模式，可以说就像清除掉附着在名为"直觉"的管子上的铁锈一样**。因为直觉告诉我们，它们原本就是"应该被清除"的存在。清除掉这些物品以后，让人意识到"这个应该买"的阳性直觉才会来到我们身边。

如深海之水向上翻涌——来自宇宙的助力

"碍事"的物品堵在家里，到头来，还会造成潜意识的淤塞。因此，清除一件碍事的物品，就意味着清除掉了一分潜意识中的淤塞。一开始或许只是打开了一个小的出口，但在打开出口的过程中，你会感受到来自"看不见的世界"乃至"更加深邃的看不见的世界"的强大助力。**所谓"更加深邃的看不见的世界"，我们可以称它为神之领**

域，可以称它为宇宙意志，也可以称它为集体潜意识，称呼它什么都可以，总之我们一直都承受着其恩惠。可是许多人却自己收集"破烂"，给出口封上盖子，因而无法得到这种恩惠。其实原本是不必特意将通道堵住的。我们可以将来自"更加深邃的看不见的世界"的恩惠想象成向上翻涌的深海之水，没有堵塞住通道的人，便可以享有那份恩惠。不过我感觉，**比起期待恩惠到来，每天都开开心心地照顾好自己，经营好自己的日常，才是得到恩惠的秘诀。**

所有自我启发类的书籍里，都反复提到了要成为活在"当下"、能够立即付诸行动的人。我想，所谓成功者，就是那些真正做到了这点的人。而断舍离这种方法，就是将活在"当下"、立刻行动的生活方式落实到日常的收拾整理中去。因此，断舍离并不打算漫无边际地宣扬"用打扫来开运"。成功者的特点是，能在贯彻上述生活方式的过程中，超越自己，达到"成事在天"的心境。就像我在本书第 209 页提到的，通过在只占 4%~15% 的"现象世界"（看得见的世界）中的行动，去达到更加深入的境界。这也是断舍离所追求的目标，即成为"**有意识地去拥有决心和勇气的乐观主义者**"。

说到底，住在乱七八糟的房间里，还期盼着"会有好事发生"，是异想天开。先从自力世界开始做起，最终达到"成事在天"的境界，才是终极的"自动运行"。如果你要践行断舍离，希望你能以达到这种境界为目标。

> **运气其实是可以靠自己改变的。**
> **秘诀就是每天开开心心地打理好住处。**

■ 看得见的世界　看不见的世界　更加深邃的看不见的世界

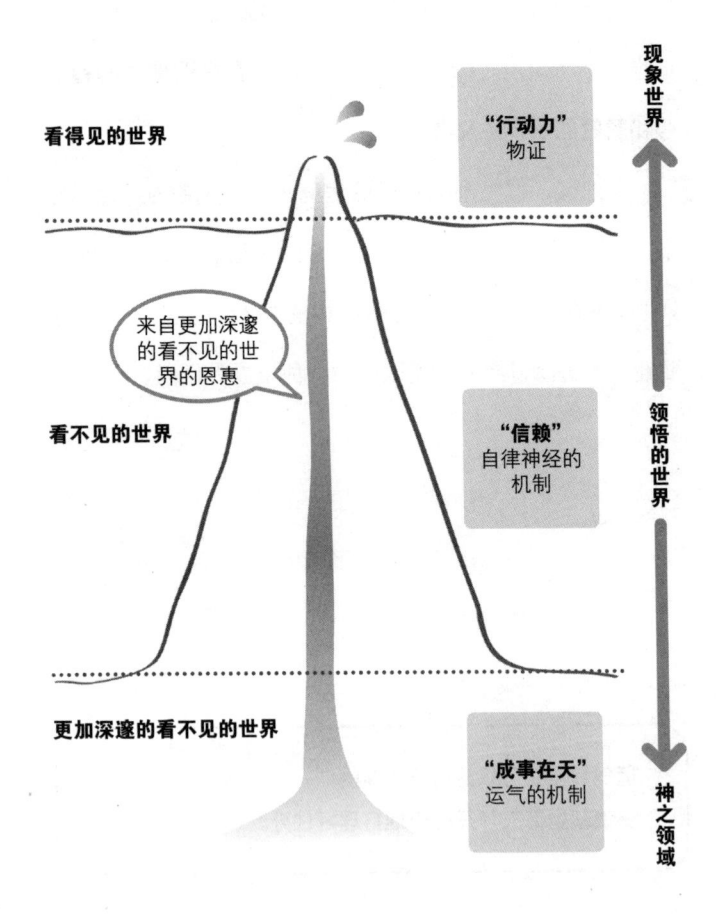

看得见的世界

来自更加深邃的看不见的世界的恩惠

看不见的世界

更加深邃的看不见的世界

"行动力"
物证

"信赖"
自律神经的机制

"成事在天"
运气的机制

现象世界

领悟的世界

神之领域

从"拥有"的思维模式中解脱出来

在与物品打交道的过程中,我感觉到,物品其实是"物"与"情"的结合体。同样的物品,自己赋予了它怎样的情感至关重要。即便是在他人看来与垃圾无异的东西,哪怕只是一粒石子,只要拥有它的人有留着它的理由,那它就是一件重要的物品。如果是承载着美好回忆的物品,那么留着也无妨。**可包含着负面情绪的物品,是"沉重"的,而且是非常沉重的**。既然如此,我们何苦非要在人生路上负重前行呢?

聊点题外话。我曾在讲座中问过学员们这样一个问题:"有了它或许方便些,但没有也不觉得不便的东西是什么呢?"当时,学员们给出的答案十分有趣。一位 40

岁左右的单身女性回答说，是"男人"。我当时的想法是，这位女士可真是发现了了不得的事情。父母和家人都催她说"不结婚不行，不结婚不行"，她自己也陷入了"一定要结婚"的想法当中，不知道相了多少次亲，最终也都没能修成正果。可深入思考一下，却发现男人对自己来说不过是可有可无的存在。当然，每名女性各有不同，也有些女性，无论看起来多么坚强，也还是希望有男人的支持。**重要的是，要察觉到自己内心深处真正的想法**。在审视物品的过程中，居然能触及如此深层的心理，实在是一件耐人寻味的事情。物品果然不容小觑。

再深入思考一下，就会觉得，甚至可以通过断舍离，去打破"拥有"这一思维模式。这话听上去也许有些过激，但真的有必要为了以防万一去做准备吗？如果能抱着等"万一"到来时再"兵来将挡"的心态，那么"留着这件东西以防万一"的观念也就不会存在了。命理学里面有一种极端的想法，那就是"越想以防万一越会有万一"，这也是一种"吸引力法则"。保险就是一个很好的例子。有时候，保险就像是一场没有胜算的赌局。若是购入了高价的医疗保险，搞不好甚至还会产生"不得病就亏了"的想法。我们究竟因为不安花了多少钱，留了多少东西啊。不过，**问题并不是要弄清这样做是好是坏，而是理解了人的本性就是如此之后，就会越来越清楚"自己想要怎样做"**。这实际上是生活方式的问题。

我的想法是，说到底，所有的东西都是我们从神明、从地球手里借来的。比如买房子、置地，就只是买到了"维护和管理的权利"。"买"这个概念，本身就是人类的一厢情愿，与地球没有关系。不仅是土地，所有的物品原本都只是物质，在经历了一系列的化学变化和人为加工后，才成了物品，又被赋予了各种各样的概念和附加价值，才最终流向市场。因此，**说到底，拥有不过是自以为的拥有而已**。不过，也不是说因此就要放弃拥有，关键是在于认清拥有的本质之后，自然而然就会产生想要去珍惜物品的心情。好不容易拥有一件物品，比起让人觉得"算了，就它吧"的东西，让人觉得"非它不可"的东西，养护和管理起来才会更开心。而且**一想到一切物品归根结底都是向地球借来的，感谢和敬畏之情自然而然就会涌上心头**。

色即是空。有形之物皆为虚无。人心易变。尽情享受与物品短暂的相遇，想必就是我们所追求的幸福本身。等到缘尽之时，就痛快放手。断舍离的愿望，便是希望大家能够以这样的态度对待物品，乃至对待一切事物。

后记

物品，要物尽其用才有价值。

物品，要去往此时此刻需要它的地方。

物品，要待在合适的位置，才更显美丽。

有个场景让我至今难忘。很多年以前，我在一档新闻报道类节目中，看到了一位库尔德少年的身影。他生活在难民营的帐篷里，身上穿的半袖运动衫，是来自日本的救援物资中的旧衣服，而且那件衣服居然是日本小学生的体操服，上面写着原来的主人的姓名、年级，学校的名牌还依旧缝在胸前。

这一幕让我深感震惊。已经被穿得那么旧的体操服，居然作为救援物资被送往了难民营。而且就在不久之前，我才刚刚扔掉一件羊毛上衣，那件衣服无论质地还是成色，都比库尔德少年身上穿的那件体操服要好上许多倍，穿上还十分暖和。不仅如此，我的整理柜里，还沉睡着很多件我已经不穿了的，甚至连它们的存在都被我忘到脑后了的毛衣。

更令我感到震惊的是，在严寒中生活在帐篷里的少年，对身上这件皱巴巴的半袖体操服充满了感激。看到这些，我的内心满是歉疚之情，以及难以言说的愤怒。

自己周围，还能用却没在用的无用之物泛滥成灾。而从电视上窥视到的世界中，有人却在物资短缺的环境下，过着艰苦的生活。

在自己生活的日本，讲述如何高效收纳的收纳整理术大为盛行，而在远方的世界，有一些地方，却与收纳术彻底无缘，因为那里原本就完全没有多余的物资。

一种生活状态是：大量的物品把家里塞得满满当当，压垮了家，压垮了生活，人生中，家里乱七八糟、没法收拾的烦恼始终挥之不去。另一种生活状态是：物资严重短缺，生活不堪重负。

无论哪种生活状态，都不应该出现在社会上。既然如此，生活在物资充盈的环境中的我们，至少可以做点什么。这种想法，也形成了断舍离的基础，即"如何与物品相处"。

物品，要物尽其用才有价值——断。
有意识地关注物品的质与量，斩"断"无法物尽其用的、过量物品的流入。

物品，要去往此时此刻需要它的地方——舍。
对曾经派上用场，但现在不需要了的物品，不要想着说不定什么时候还能用到，没有目的地把它们保存、保管、收纳起来,而是要学会割"舍",有意识地将它们顺利送往此时此刻需要它们的地方去。

物品,要待在合适的位置,才更显美丽——离。

让物品和自己面对面,在反复进行"断"与"舍"的过程中,筛选出与现在的自己相称的物品。精简过后,被精挑细选出的物品,自然而然便会回到分配好的空间中去,各自分"离"。

如果能构建起这样的生活模式,人生该多么轻盈而欢愉啊。与此同时,断舍离还是一个与生活和工作交织在一起的自我探索的过程。自己与物品和睦相处,周围都是与自己关系融洽的伙伴。断舍离这项工作,就是亲手给自己打造一个这样的空间,提供一个这样的空间。如此一来,我们与自身的关系也会变得融洽起来,自我肯定感也会渐渐提升。仅靠看不见的世界和灵性世界,是无法完成自我探索的。上面所说的变化，不如说是通过在看得见的现实世界中的行动而体验到的附加奖励。

形成这样一种生活状态：通过整理看得见的环境，渐渐调整自己。

让自己开心，同时也让与自己共同生活的家人、伴侣开心，希望这个名为开心的圆环能向着地区、社会、世界乃至整个地球，不断扩大。

不知道是不是因为"断舍离"这三个字，当初我在开办断舍离讲座时，还真是应了这三个字的字面意思，近乎孤军奋战。不过，随着讲座次数增加，学员们脸上的笑容越来越多，讲座的受众范围越来越广，断舍离的队伍也越来越壮大。令人意想不到的是，如今，我居然迎来了出书的机会，体会到了梦想成真的喜悦。我想，最重要的就是，一定要将这份喜悦与满满的感谢，回馈给我的每一位学员。

断舍离这种方法，绝不是我一个人创造出来的，而是基于学员们不计其数的真实体验，经过不断地整合，才逐渐形成体系的。

其中，我要特别感谢心理治疗专家川畑伸子女士，她给予了我坚定而深厚的爱与支持。还有反射疗法师市野纱织女士，她与生俱来的行动力，直接给我带来了出书的机会。另外还要感谢本书的编辑关阳子女士，多亏了她一次又一次诚实、真挚而又思路清晰的提问，我才能再一次从不同的视角，更加多元地去重新理解断舍离。

谢谢。

对我们之间的缘分致以由衷的感激。

2009 年 12 月

山下英子